GERHARD KROPP, ERKENNTNISTHEORIE I

Sammlung Göschen Band 807

Erkenntnistheorie

Von

Dr. Gerhard Kropp

I

Allgemeine Grundlegung

Walter de Gruyter & Co.

vormals G. J. Göschen'sche Verlagshandlung · J. Guttentag, Verlagsbuchhandlung · Georg Reimer · Karl J. Trübner · Veit & Comp.

Berlin 1950

Archiv-Nr. 110 807
Druck: Meisenbach, Riffarth & Co. A.G.
Amerikan. Gen.-Nr. 12 401
Printed in Germany

Inhaltsübersicht

Aus dem Inhalt von
Band II (Sammlung Göschen Band 808):

Erkenntnistheoretische Probleme der Mathematik, Physik, Biologie und der Geisteswissenschaften.

Das Verhältnis der Erkenntnistheorie zur Metaphysik.

Ethische und wertphilosophische Fragen aus der Erkenntnistheorie.

Literatur

Aus der großen Zahl erkenntnistheoretischer Werke ist in die nachstehende Literaturübersicht nur eine Auswahl aufgenommen, die der Verfasser den Studierenden zur Ausweitung und Ergänzung der hier vorgetragenen Gedankengänge glaubt besonders empfehlen zu sollen. Weiterführende Literatur findet der Leser auf den Seiten 73, 85, 103, 130, 136, 140.

Es werde darauf aufmerksam gemacht, daß die meisten Einführungen in die Philosophie (z. B. die von Becher, Dessoir, Külpe, Menzer, Paulsen) erkenntnistheoretische Abschnitte enthalten; auch manche Bücher über Logik (Benno Erdmann, Wilhelm Wundt) könnten genannt werden.

Aster, Ernst von, *Geschichte der neueren Erkenntnistheorie (von Descartes bis Hegel).* 638 Seiten. Berlin u. Leipzig: de Gruyter 1921.

Becher, Erich, *Erkenntnistheorie.* In Max Dessoirs Lehrbuch der Philosophie: *Die Philosophie in ihren Einzelgebieten.* S. 301—349. Berlin: Ullstein o. J. (1925).

Cassirer, Ernst, *Das Erkenntnisproblem in der Philosophie und Wissenschaft der neueren Zeit.* Band 1 u. 2 in 3. Auflage, 601 u. 832 Seiten. Berlin: Cassirer 1922. Band 3 in 2. Auflage, 483 Seiten. Berlin: Cassirer 1920.

Hartmann, Nicolai, *Grundzüge einer Metaphysik der Erkenntnis.* 4. Auflage, 572 Seiten. Berlin: de Gruyter 1949.

Hessen, Johannes, *Lehrbuch der Philosophie.* Erster Band: *Wissenschaftslehre.* 316 Seiten. München: Erasmus-Verlag 1947.

Hönigswald, Richard, *Geschichte der Erkenntnistheorie.* 192 Seiten. Berlin: Junker & Dünnhaupt 1933.

Kuntze, Friedrich, *Erkenntnistheorie* (Handbuch der Philosophie I B). 112 Seiten. München u. Berlin: Oldenbourg 1927.

Liebert, Arthur, *Erkenntnistheorie.* 2 Bände, 82 u. 168 Seiten. Berlin: Mittler 1932.

Messer, August, *Einführung in die Erkenntnistheorie.* 3. Auflage, 270 Seiten. Leipzig: Meiner 1927.

Stumpf, Carl, *Erkenntnislehre.* 2 Bände, zusammen 873 Seiten. Leipzig: Barth 1939/40.

Namentliche Hinweise im Text ohne nähere Angaben beziehen sich stets auf die hier angeführten Werke der betreffenden Verfasser.

Einleitung

Erkenntnistheorie ist die Lehre von der Möglichkeit, der Gültigkeit und den Grenzen der Erkenntnis. Sie betrifft das Wesen der Wahrheit, die Quellen (Ursprünge), den Umfang und die Typen der Wissenschaft. Und zwar handelt es sich in der Erkenntnistheorie nicht um das Zustandekommen der Erkenntnis, also um den tatsächlichen Vorgang, den seelischen Prozeß; die Untersuchung dieser Fragestellungen kommt vielmehr einer Psychologie der Erkenntnis zu. Wenn zwar kein Zweifel darüber bestehen kann, daß auch die Bekanntschaft mit dem tatsächlichen Erkenntnisvorgang von Bedeutung ist, betrifft die Theorie der Erkenntnis doch eine Geltungsfrage: Worin besteht das Wesen der Wahrheit und wie ist es möglich, zu objektiven Aussagen über die gegenständliche Welt zu gelangen?

Der Name Erkenntnistheorie stammt erst aus dem 19. Jahrhundert: Ernst Reinhold (der Sohn des Kantianers Karl Leonhard Reinhold) spricht 1832 von „Theorie der Erkenntnis", der Philosophiehistoriker Eduard Zeller 1862 von „Erkenntnistheorie".

Der Sache nach finden sich erkenntnistheoretische Erwägungen bereits in der Philosophie des Altertums. Das erste Werk jedoch, in dem bewußt die erkenntnistheoretische Fragestellung aufgeworfen wird, stammt von John Locke (1632—1704), dem Vater der Aufklärung: *An essay concerning human understanding*, 1689/90.

Das Werk (zwei starke Bände) handelt in vier Büchern von dem Ursprung, der Gewißheit und dem Umfang der menschlichen Erkenntnis, ferner von den Abstufungen der Gewißheit.

Locke wirft zunächst die Frage auf: Gibt es angeborene Vorstellungen? (Locke spricht zwar von „idea", jedoch nicht im Platonischen Sinne, weshalb man besser „Vorstellung" übersetzt: „Alles, was der Geist in sich selber wahrnimmt oder was das unmittelbare Objekt der Wahrnehmung, des Denkens oder des Verstandes ist, das nenne ich idea.") Diese Frage wird negativ beantwortet: Es gibt keine angeborenen Vorstellungen. Weder logische Gesetze noch sittliche Vorschriften fordern hinsichtlich ihres consensus das Angeborensein. Vielmehr zeigt es sich, daß gerade die allgemeinsten Sätze, etwa der der Identität oder des Widerspruchs, sicher erworben sind; denn das Kind weiß nichts von ihnen.

Im zweiten Buch gibt Locke nun die positive Antwort hinsichtlich der Herkunft unserer Vorstellungen: Die Seele gleicht von Geburt einer tabula rasa („white paper"), in welche die Erfahrung („experience") ihre Schriftzüge eingräbt. Die Erfahrung hat einen doppelten Ursprung, sie ist entweder äußere Wahrnehmung („sensation") oder Selbstwahrnehmung („reflection"). Die erste Art bezieht sich auf die äußere, die zweite auf die innere Erfahrung. Dabei setzt die innere Erfahrung die äußere voraus. Die sensations sind zeitlich früher; zu ihrer Aufnahme bedürfen wir keiner Anspannung der Aufmerksamkeit.

Locke unterscheidet einfache und zusammengesetzte Vorstellungen, wobei die Gegenüberstellung sich nicht nach dem Gegenstand, sondern nach der Vorstellung richtet. Die einfachen Vorstellungen stammen:

1. aus einem äußeren Sinn: Farbe, Ton, Geruch, Wärme;
2. aus mehreren äußeren Sinnen: Ausdehnung, Gestalt, Bewegung (der Gesichts- und Tastsinn sind beteiligt);

3. aus der reflection: Denken (einschl. Erinnern, Urteilen, Wissen und Glauben), Wollen, Begehren;
4. aus sensation und reflection: Lust und Unlust, Dasein, Kraft.

Das gesamte Wissen setzt sich aus diesen einfachen Vorstellungen zusammen wie der Inhalt eines Buchs aus den Buchstaben des Alphabets. In der Aufnahme der einfachen Vorstellungen ist der Verstand rein passiv.

Die Eigenschaften oder Qualitäten, durch die die Gegenstände Vorstellungen in uns hervorrufen, sind doppelter Art. Je nach der Ähnlichkeit mit dem veranlassenden Gegenstand spricht Locke von primären und sekundären Sinnesqualitäten; diese Unterteilung stammt übrigens aus der Atomistik des Altertums und wurde schon von Galilei, Hobbes und Descartes erneuert. Primäre Qualitäten geben die Eigenschaften der Dinge so wieder, wie sie an sich sind, sie haben objektive Bedeutung, wogegen die sekundären Qualitäten nur anzeigen, wie uns die Eigenschaften der Dinge subjektiv erscheinen. Zu den primären Qualitäten gehören die aus mehreren äußeren Sinnen stammenden und die durch reflection hervorgerufenen Vorstellungen: Ausdehnung, Größe, Gestalt, Zahl, Bewegung, außerdem die Undurchdringlichkeit. Sie sind „von dem Körper völlig untrennbar, in welchem Zustande er sich auch befindet". Den sekundären Sinnesqualitäten, wie Farb-, Ton-, Geruchs-, Geschmacks- und Wärmeempfindungen, die bloße Empfindungen in den wahrnehmenden Subjekten darstellen, entsprechen primäre Eigenschaften (namentlich Bewegungsvorgänge) der Dinge selbst. Der Grund der Täuschung liegt darin, daß die sekundären Sinnesqualitäten keinerlei Ähnlichkeit mit ihren Ursachen aufweisen; unsere Sinne sind zu grob für die Wahrnehmung der einzelnen materiellen Teilchen und ihrer primären Eigenschaften.

Zusammengesetzte Vorstellungen entstehen durch Kombination einfacher. Sie sind im allgemeinen nicht real, vgl.

die Allgemeinbegriffe. Realität haben lediglich die Substanzen, welche „solche Kombinationen einfacher Vorstellungen sind, die als Repräsentanten von Dingen gelten." Das Kombinieren einfacher Vorstellungen ist nach Locke die einzige Aktivität des Verstandes. Hierzu ist das Gedächtnis vonnöten. Auf das Wahrnehmen folgt das Behalten, auf dieses das Abstrahieren. Wichtig ist daher für Locke auch die Untersuchung über den Gebrauch der Sprache für das Erkennen (drittes Buch).

Im vierten, wichtigsten Buche des Essay legt Locke dar, „welchen Gebrauch der Verstand von den verschiedenen Arten der Vorstellungen macht und welche Erkenntnis wir durch sie erlangen". Erkenntnis wird als Wahrnehmung der Übereinstimmung oder des Widerstreites zweier Vorstellungen angesehen. Gegenstand des Wissens ist also nur das Verhältnis der Vorstellungen zueinander.

Es wird die wahrnehmende (sensitive) von der anschaulichen (intuitiven) und der beweisenden (demonstrativen) Gewißheit unterschieden. Die intuitive Gewißheit ist durch sich selbst evident und hat den höchsten Erkenntnisgrad. Demonstrative Gewißheit entsteht z. B. durch Aneinanderreihen mehrerer intuitiver Erkenntnisse. Die sensitive Gewißheit hat nur wahrscheinlichen Charakter und liegt als „Meinen" zwischen dem sicheren Wissen und dem Nichtwissen. Die „Zustimmung" erfolgt beim Wissen durch klar erkannte Gründe, beim Meinen in Richtung der überwiegenden Wahrscheinlichkeit. Hier herrscht Determiniertheit; denn der Verstand hat nicht die Freiheit, einer überwiegenden Wahrscheinlichkeit die Zustimmung zu versagen. Das „Glauben" schließlich sieht Locke als ein Fürwahrhalten an, das sich nicht auf Gründe, sondern auf Zeugnisse Gottes stützt. Abhängigkeit von der Vernunft besteht insofern, als diese entscheiden muß, ob z. B. wirklich eine göttliche Offenbarung vorliegt.

Weil die äußere und innere Erfahrung bei Locke die

Hauptquelle der Erkenntnis darstellt, ist Locke Empirist. Dennoch weist er nicht alle Bindung an die ratio ab, wie folgende Sätze aus dem 17. Kapitel des vierten Buches dartun: „Die erste und oberste Form der Verstandestätigkeit ist die Ermittlung und das Auffinden von Wahrheiten. Die zweite besteht in der regelrechten und methodischen Gruppierung derselben, wobei sie klar und zweckmäßig geordnet werden, so daß man ihren Zusammenhang und ihre Bedeutsamkeit leicht und klar erkennt. Die dritte besteht in der Wahrnehmung ihres Zusammenhanges, die vierte darin, daß die richtige Schlußfolgerung gezogen wird. ... In der Erkenntnis sehe ich deshalb nichts anderes als die Wahrnehmung des Zusammenhanges und der Übereinstimmung oder Nichtübereinstimmung sowie des Gegensatzes von beliebigen Vorstellungen, welche wir haben; das allein macht sie aus. Wo diese Wahrnehmung vorhanden ist, haben wir Erkenntnis; wo sie fehlt, können wir uns wohl etwas einbilden, etwas vermuten oder glauben, bringen es aber nicht zu voller Erkenntnis."

Die Ausführungen Lockes zeigen insgesamt, daß trotz echt erkenntnistheoretischer Fragestellung die Antworten doch in hohem Maße erkenntnispsychologisch bedingt sind: Lockes Ausführungen handeln mehr vom Zustandekommen der Erkenntnis im menschlichen Individuum als von ihrer Geltung, es wird mehr genetisch als logisch vorgegangen. Dennoch ist unbestreitbar, daß Lockes Werk einen wichtigen Anstoß zur erkenntnistheoretischen Besinnung gegeben hat; in diesem Zusammenhange werde besonders auf Leibniz (1646—1716) hingewiesen, der seine *Nouveaux essais sur l'entendement humain* aus dem Jahre 1704 (wegen Lockes Tod erst 1765 veröffentlicht) unmittelbar an Locke angeschlossen hat. An Locke knüpften Berkeley (1684—1753) und Hume (1711 bis 1776), an Leibniz Wolff (1679—1754) an, während Kants (1724—1804) *Kritik der reinen Vernunft* (1781,

2. Auflage 1787) unter anderem durch Humes und Wolffs Philosophie veranlaßt ist. So erscheint es verständlich, daß Alois Riehl (1844—1924) Locke als einen Vorläufer des Kritizismus ansieht. (*Der philosophische Kritizismus, Geschichte und System*, Bd. I, 2. Aufl., Leipzig 1908, S. 19 ff.).

Die Abgrenzung der Erkenntnistheorie von der Logik ist dadurch gekennzeichnet, daß es sich in der Logik vorwiegend um formale Erkenntnisprinzipien handelt, in der Erkenntnistheorie dagegen um materiale Erkenntnis; die Erkenntnistheorie erstrebt objektive, auf Gegenstände gerichtete Wahrheit. Die enge Zusammengehörigkeit von Logik und Erkenntnistheorie ist oft in Erscheinung getreten; vielfach enthalten als „Logik" bezeichnete Werke zugleich erkenntnistheoretische Darlegungen. Man kann beide Disziplinen als „Wissenschaftslehre" zusammenfassen.

Man kann den erkenntnistheoretischen Wahrheitstypus von dem logischen und dem psychologischen abgrenzen. Die formal-logische Wahrheitsform zeigt Notwendigkeit und Allgemeingültigkeit. Die psychologische Wahrheitsweise verrät eine subjektiv-empiristische Tendenz. Die erkenntnistheoretische Wahrheitsform ist zufolge ihrer Gerichtetheit auf Gegenstände eine objektive.

Wenn man eine Rangordnung der erwähnten drei Wahrheitstypen vornehmen will, erscheint es unangebracht, die Reihenfolge nach dem Gesichtspunkt des Zustandekommens vorzunehmen. Vielmehr muß die Überlegung so verlaufen, daß Logik wie Psychologie als Wissenschaften der Erkenntnistheorie als derjenigen Disziplin, welche von der Möglichkeit der Wissenschaft überhaupt handelt, nachzuordnen sind. Insofern steht der erkenntnistheoretische Wahrheitstypus „vor" dem logischen und dem psychologischen Wahrheitstypus.

Es möge noch kurz auf das Verhältnis der Erkenntnistheorie zur Metaphysik eingegangen werden. Wenn die Metaphysik als die allgemeinste Wissenschaft von dem Seienden als solchen angesehen wird, könnte man geneigt sein, eine vorhergehende erkenntnistheoretische Reflexion abzuweisen. So Hegel (1770—1831), welcher das Bemühen der Erkenntnistheoretiker mit dem jenes „Scholastikus" vergleicht, der schwimmen lernen wollte, ohne ins Wasser zu gehen. Eine solche Geisteshaltung, die an gewissen Systemen des 16. und 17. Jahrhunderts vorgebildet ist, muß jedoch als dogmatisch abgewiesen werden. Gerade durch die Übersteigerung der metaphysischen Spekulation hat sich (zunächst von empiristischer Seite aus) das Bedürfnis nach kritischer Besinnung geltend gemacht. Man hat Kants Stellungnahme zur Metaphysik häufig als Ablehnung derselben gedeutet, so besonders in der Marburger und Badenschen Schule des Neukantianismus. Jedoch nötigt die historische Redlichkeit, darzutun, daß sich Kants Verdikt nur gegen die dogmatische Metaphysik Wolffscher Observanz richtet. Insofern kann das Bemühen „kritischer Realisten" der letzten Jahrzehnte, wie Eduard von Hartmann (1842—1906), Wilhelm Wundt (1832—1920), Johannes Volkelt (1848 bis 1930), Oswald Külpe (1862—1915), August Messer (1867—1937), Hans Driesch (1867—1941) und Erich Becher (1882—1929), eine „induktive Metaphysik" von hypothetischer Geltung aufzubauen, nicht unter Berufung auf Kant abgewiesen werden.

In der Gegenwart ist das Wechselverhältnis von Erkenntnistheorie und Metaphysik namentlich von Nicolai Hartmann (geb. 1882) und Arthur Liebert (1878—1946) ausgestaltet worden.

Nicolai Hartmann (vgl. seine Selbstdarstellung in: H. Schwarz, *Deutsche systematische Philosophie nach ihren Gestaltern*, Bd. I, Berlin 1931, S. 281 ff.) spricht von einer „Metaphysik der Erkenntnis" (1921 u. ö.): „Erkenntnis ist nicht ein Erschaffen, Erzeugen oder Hervorbringen des Gegenstandes, wie der Idealismus alten und neuen

Fahrwassers uns belehren will, sondern ein Erfassen von etwas, das auch vor aller Erkenntnis und unabhängig von ihr vorhanden ist. . . . Das Erkenntnisproblem ist weder ein psychologisches noch ein logisches, sondern im Grunde ein metaphysisches Problem. Es läßt sich weder mit den Mitteln der Psychologie noch mit denen der Logik behandeln, sondern nur mit denen einer eigens zu diesem Zweck zu entwerfenden Metaphysik der Erkenntnis." Der Irrtum der herkömmlichen Erkenntnistheorie hat darin bestanden, daß nach Kant gerade die „Erscheinung" ohne ein in ihr erscheinendes Ding-an-sich hätte als — „Schein" bezeichnet werden müssen. Wenn der Skeptiker die objektive Realität des Erkenntnisgegenstandes verneint, so fällt ihm die Beweislast für diese Behauptung zu: „Das natürliche Realitätsbewußtsein bedarf keines Beweises, es gehört eben zum Phänomen und ist als solches jederzeit aufzeigbar." Erkenntnistheorie geht zwar auf die Relation des Subjekts zum Objekt, aber der Gegenstand der Erkenntnis geht in seinem Objektsein nicht auf. „Erkenntnis ist Relation zwischen Subjekt und seiendem Gegenstande", so daß ein „Transzendieren" des Bewußtseins statthat. Die Aufweisung der Problembestände führt zu einer „Aporetik", innerhalb welcher nach N. Hartmann die eigentliche philosophische Arbeit zu leisten ist. Und die Grundaporie, wonach sich in dem Verhältnis des Subjekts zu einem seienden Gegenstande eben ein Seinsverhältnis kundtut, ist eine ausgesprochen metaphysische Angelegenheit. Insofern ist die ontologische Betrachtungsweise grundlegend: In der aposteriorischen Gegebenheit steckt das Wahrnehmungs- und damit das Leib-Seele-Verhältnis. Für den Apriorismus ist die Bedingung seiner Möglichkeit die teilweise Identität der Erkenntnis- und Seinskategorien. Das Problem des Wahrheitskriteriums ergibt sich im Ineinandergreifen der aposteriorischen und der apriorischen Erkenntnisinstanzen, deren Übereinstimmungen ein positives Kriterium approximieren. Besonders weist N. Hartmann darauf hin, daß der Erkenntnisfortschritt den Gegenstand überhaupt nicht berührt; vielmehr ist dieser „der bleibende Grenzwert, dem sich der Progreß nähert". Der Progreß selbst wird durch eine zweite Schranke begrenzt, hinter der das „gnoseologisch Irrationale" liegt.

Und Arthur Liebert spricht von einem dialektischen Verhältnis zwischen Erkenntnistheorie und Metaphysik (1932). Die Kategorien als die Grundformen der Erkenntnis sind nicht nur Gedankenformen, sondern zugleich auch Seinsformen. In dieser Doppelbedeutung liegt ihre synthetische Funktion begründet. Kant habe in seiner „Kritik der reinen Vernunft" in dem Kapitel über die „transzendentale Deduktion der reinen Verstandesbegriffe" diese Doppelung bereits aufgewiesen. So bekennt Liebert sich zu einem „dialektischen Idealismus", wogegen die Position Nicolai Hartmanns insofern realistisch genannt werden kann, als seine Metaphysik der Erkenntnis auf ein Sein-an-sich hinweist, das auch unabhängig vom Erkanntwerden besteht. —

Zum Schluß dieser Einleitung möge noch mit wenigen Worten auf drei Bestrebungen der letzten Jahrzehnte eingegangen werden, der Philosophie, abgesehen von der Erkenntnistheorie, eine Grunddisziplin voranzustellen. Es handelt sich um die „Gegenstandstheorie" Alexius von Meinongs (1853—1920), um die „Grundwissenschaft" Johannes Rehmkes (1848—1930) und um die „Phänomenologie" Edmund Husserls (1859—1938).

Für Meinong (*Untersuchungen zur Gegenstandstheorie und Psychologie*, Leipzig 1904; vgl. auch seine Selbstdarstellung in: R. Schmidt, *Philosophie der Gegenwart in Selbstdarstellungen*, Bd. I, 2. Aufl., Leipzig 1923) ist „Gegenstand" alles Wirkliche wie auch Mögliche und Unmögliche, was intellektuell meinbar ist. Die Gegenstandstheorie ist die Theorie alles dessen, was „aus der Natur eines Gegenstandes, also a priori, in betreff dieses

Gegenstandes erkannt werden kann", und sie beschäftigt sich lediglich mit diesen Gegenständen als solchen, ohne nach ihrem Dasein zu fragen. Entsprechend den seelischen Elementarerlebnissen Vorstellen, Denken, Fühlen, Begehren unterscheidet Meinong vier Gegenstandsklassen: Objekte, Objektive, Dignitative und Desiderate. Das Objekt ist dasjenige, worüber geurteilt wird, während das Objektiv dasjenige darstellt, was geurteilt wird; wo ein Objekt a priori erfaßt wird, wird es zu einem Objektiv (= gemeinten Sachverhalt). Ein Urteil ist dann wahr, wenn sein Objektiv Tatsache ist. Zu den Dignitativen gehören das Wahre, Gute und Schöne, zu den Desideraten die Gegenstände des Sollens und des Zweckes.

Rehmke (*Philosophie als Grundwissenschaft*, Leipzig 1910; siehe auch: J. E. Heyde, *Grundwissenschaftliche Philosophie*, Aus Natur und Geisteswelt Bd. 548, Leipzig u. Berlin 1924) will eine schlechthin vorurteilsfreie Disziplin schaffen, die das „Allgemeinste" im Gegebenen überhaupt zum Gegenstand hat. Die Aufgabe der Grundwissenschaft ist, „das mannigfache Allgemeinste des Gegebenen überhaupt zur fraglosen Klarheit zu bringen". Das Wissen ist ein schlichtes, beziehungsloses Haben der Gegenstände selber. Es handelt sich bei Rehmke letztlich um eine Begriffsdarlegung der allgemeinsten Tatbestände des Bewußtseinsinhalts und um die Entgegensetzung „Einziges — Allgemeines". Das Wirkliche als das Wirkende fällt mit dem absoluten Subjekt zusammen, wogegen der Mensch ein eingeschränktes absolutes Subjekt darstellt.

Husserl schließlich (*Ideen zu einer reinen Phänomenologie und phänomenologischen Philosophie*, Halle/S. 1913; vgl. W. Reyer, *Einführung in die Phänomenologie*, Leipzig 1926) trennt seine Phänomenologie von der Psychologie, welche empirische Tatsachengesetze, und der Logik, welche apriorische Formgesetze aufstellt. Die Phänomenologie ist durch das methodische Prinzip gekennzeichnet, die Begriffe mit den ihnen zugrunde liegenden „originären“ Anschauungen zu konfrontieren, indem man sich zur „Wesensanschauung“ erhebt. Man erhält dadurch „Wesensgesetze“, daß man vom einzelnen Gegenstand durch „Einklammerung“ alles Empirischen und Individuellen in „ideierender Wesensschau“ zu seiner „Idee“ aufsteigt und sich diese zur „Gegebenheit“ bringt. Die Phänomenologie ist eine „eidetische“ Disziplin, welche der formallogischen Deduktion vorangeht und diese erst ermöglicht. Alle Einzeldisziplinen unterstehen solchen Wesenswissenschaften, die stets a priori gelten. Die „wesenhaften Sachverhalte“ sind weder physische noch psychische Realitäten, sondern gehören in das Reich des „Geltenden“. —

Die vorliegende Darstellung sieht bewußt von der Psychologie des Erkennens ab und beschränkt sich auf die Theorie der Erkenntnis. Innerhalb dieser scheidet man gemeinhin ihre „Hauptfrage“, als welche man die Frage nach dem Wesen und der Möglichkeit der Erkenntnis überhaupt bezeichnet, von den „Neben-“ oder „Unterfragen“; diese betreffen die Quellen, Gesetze und Grenzen der Erkenntnis, die Einteilung der Wissenschaften und das Verhältnis von Wissen und Glauben. So ist hier folgende Gliederung zugrunde gelegt:

I. Das Wesen der Erkenntnis.
II. Die Möglichkeit der Erkenntnis.
III. Die Quellen und Grenzen der Erkenntnis.
IV. Die letzten Erkenntnisgrundlagen.
V. Die zurückführbaren Erkenntnisgrundlagen.
VI. Die Einteilung der Wissenschaften.
VII. Wissen, Glauben, Weltanschauung.

In den Kapiteln IV und V werden namentlich Erich Bechers und Carl Stumpfs einschlägige Gedankengänge dargestellt, während ich hinsichtlich des Verhältnisses von Wissen und Glauben (Kap. VII) vielfach auf August Messers Darlegungen fuße.

Auf einen eingehenden Überblick über die Einteilung der Wissenschaften wollte ich nicht verzichten, da einerseits das Interesse der Einzelwissenschaften an der Philosophie im Wachsen begriffen ist, andererseits jedoch, soweit ich sehe, in der einschlägigen Literatur noch keine vergleichende Darstellung vorliegt; natürlich sind zur Ergänzung jeweils die angeführten Originalschriften heranzuziehen. — Das historische Material ist durch knappe Hinweise eingearbeitet, lediglich Kants und Lockes Hauptwerke sind ausführlicher dargestellt. Damit die — oft nur kurzen — Hinweise fruchtbar werden können, wird beim Leser eine gerundete Kenntnis der Geschichte der Philosophie vorausgesetzt.

Für die Fachgenossen erwähne ich, daß die Ausführungen dieses ersten Bandes meiner „Erkenntnistheorie" in erster Linie bezwecken, den herkömmlichen Besitzstand dieser Disziplin in einer dem Lernenden zugänglichen Form darzustellen. Daher habe ich mich z. B. am Schluß von Kap. V, § 2 darauf beschränkt, die Probleme aufzuzeigen und weiterführende Literatur anzugeben, und gehe auch nicht auf die moderne erkenntnistheoretische Problematik der Geisteswissenschaften (z. B. rücksichtlich der Wissenssoziologie) ein. Im zweiten Band werden dann die besonderen erkenntnistheoretischen Fragestellungen der einzelnen Wissenschaften behandelt sowie die neueren Stellungnahmen „diesseits von Idealismus und Realismus".

Kapitel I

Das Wesen der Erkenntnis

§ 1 Was ist Wahrheit?

Von dem skeptisch-ironischen Charakter dieser sogenannten Pilatusfrage soll hier nicht gesprochen werden. Die Hauptfrage der Erkenntnistheorie nach dem Wesen der Erkenntnis handelt vielmehr von der Bedeutung des Begriffs der Wahrheit überhaupt.

Hierzu ist zunächst festzustellen, daß „Wahrheit" niemals eine Eigenschaft von Dingen oder Vorstellungen ist, sondern sich stets auf Urteile bezieht. In der Logik versteht man unter einem Urteil eine Aussage, in der zwei Vorstellungen inhalte („Subjekt" und „Prädikat" genannt) durch die „Kopula" zueinander in Beziehung gesetzt werden. Beispiel: „Schnee ist weiß." Hier ist „Schnee" das Subjekt, d. h. derjenige Begriff, von dem etwas ausgesagt wird; „weiß" ist das Prädikat, d. h. derjenige Begriff, welcher die Aussage enthält; „ist" stellt die Kopula dar, die Subjektsbegriff und Prädikatsbegriff miteinander verknüpft. (Es werde darauf aufmerksam gemacht, daß der logische Gebrauch der Begriffe sich nicht immer mit dem grammatischen deckt; denn in der Grammatik gehört das verbum finitum stets zum Prädikat, während das logische Prädikat nur von der Aussage handelt, die durch das grammatische Prädikat zum Ausdruck gebracht wird; insbesondere sagt das Hilfsverbum „sein" nichts über die Existenz des Subjekts aus.)

Die naiv-realistische Wahrheitsauffassung lehrt nun: Wahrheit ist Übereinstimmung unserer Vorstellungen mit der Wirklichkeit. Aristoteles sagt etwas ausführlicher: Ein wahres Urteil verbindet, was in Wirklichkeit verbunden ist, und trennt, was in Wirklichkeit getrennt ist.

Gegen diese Wahrheitsauffassung lassen sich zwei gewichtige Einwände erheben:

1. Es gibt Erkenntnisse, welche weder die physische noch die psychische Wirklichkeit betreffen, z. B. die Sätze der reinen Mathematik. Für diese würde also das obige Wahrheitskriterium gar nicht zuständig sein, während doch umgekehrt gerade die mathematischen Sätze als Muster wahrer Erkenntnis gelten.

2. Wie sollen wir den Vergleich unserer Vorstellungen mit der Wirklichkeit vornehmen? Da die Wirklichkeit sich jenseits unseres Bewußtseins befindet, fehlt doch jede unmittelbare Möglichkeit des Vergleichens. — Skeptiker haben mit diesem Argument die Möglichkeit wahrer Erkenntnis überhaupt verneint. Demgegenüber kann jedoch geltend gemacht werden, daß die Übereinstimmung unserer Vorstellungen mit der Wirklichkeit vielleicht auch auf einem anderen Wege als dem der unmittelbaren Vergleichung vorgenommen werden könnte. Man würde auf diese Weise zu Überlegungen über Vorstellungs*verhältnisse* geführt.

Immerhin muß zugegeben werden, daß die naivrealistische Wahrheitsauffassung nicht ohne weiteres durchführbar erscheint.

Von seiten Franz *Brentanos* (1838—1917) ist die *Evidenz* als Wahrheitskriterium aufgestellt worden: Wahr ist jedes Urteil, das unmittelbar oder mittelbar einleuchtet, falsch jedes Urteil, dessen kontradiktorischer Gegensatz unmittelbar oder mittelbar einleuchtet. (Unter dem „kontradiktorischen Gegensatz" einer Aussage wird der absolute Widerspruch verstanden, wogegen der innerhalb einer Gattung oder Reihe entgegengesetzte Widerspruch „konträr" genannt wird; z. B. ist der kontradiktorische Gegensatz von weiß: nicht-weiß, der konträre: schwarz.)

Die Gefahr jeder nicht logisch unterbauten Evidenz liegt im Psychologismus und der hierdurch möglicherweise hervorgerufenen Einschränkung der objektiven Geltung. Auch die Definition von Carl Stumpf: Wahrheit ist das Angepaßtsein der Qualität an die Materie eines Urteils, hält sich nicht völlig frei von psychologischen Bestandteilen. Dabei versteht Stumpf unter der Materie eines Urteils dasjenige, was übrig bleibt, wenn von der Qualität (d. h. der Bejahung oder Verneinung) abgesehen wird; es handelt sich also um den in den bloßen Worten (abgesehen von der Kopula) ausgedrückten Vorstellungskomplex. In unserem obigen Beispiel ist also das Weißsein des Schnees seine Materie, und weil Schnee wirklich weiß ist und das Urteil hinsichtlich seiner Qualität diese Tatsache behauptet, ist das Urteil wahr.

Erich Becher gelangt in folgender Weise zu einem objektivistischen Wahrheitskriterium:

Er legt dar, daß es bei der Wahrheitssicherung nur auf das Sosein eines Gegenstandes ankommt, nicht auf sein Dasein. Das Sosein eines Gegenstandes, auch Essenz oder Wesenheit genannt, betrifft die Gesamtheit seiner Beschaffenheiten oder Eigenschaften, das Dasein (Existenz) sein Vorhandensein. Beispielsweise gehören zum Sosein eines Stückes Holz etwa seine Gestalt, Größe, Schwere, Härte, Farbe usw., mit anderen Worten die „Seiten", „Momente" oder „Züge" dieses Gegenstandes.

Die Trennung von Sosein und Dasein eines Gegenstandes ist natürlich nur in Gedanken möglich, in diesem Falle aber stets.

Durch Beschränkung auf das Sosein sind auch diejenigen Gegenstände eingeschlossen, welche in der Wirklichkeit nicht vorkommen, wie die mathematischen Gegenstände oder die Phantasievorstellungen.

Diejenige Seite des Erkenntnissoseins, auf die es bei der Wahrheitssicherung ankommt, werde „logischer Erkenntnisgehalt“ oder, da sich wahre Erkenntnis in Form von Urteilen vollzieht, „logischer Urteilsgehalt“ genannt. Die logischen Urteilsgehalte sind die eigentlichen Träger der Wahrheit oder Falschheit.

In unserem Beispiel „Schnee ist weiß“ denkt der Subjektsbegriff „Schnee“ den Subjektsgegenstand, der Prädikatsbegriff „das Weißsein“ den Prädikatsgegenstand. Der Subjektsbegriff soll den mit ihm gemeinten Gegenstand festlegen. Auf den Subjektsgegenstand also, den tatsächlichen Schnee, soll das Urteil „Schnee ist weiß“ zutreffen. Das Urteil enthält noch den Prädikatsbegriff „weiß“; dieser denkt die Eigenschaft des Weißseins als Gegenstand: Prädikatsgegenstand. Und weil nun der Prädikatsgegenstand (die Eigenschaft weiß) übereinstimmt mit einem Moment des Subjektsgegenstandes (Schnee), ist das Urteil wahr.

So gelangt Becher zu folgender Definition: „Ein logischer Urteilsgehalt ist wahr, wenn der im Prädikatsbegriff gedachte Gegenstand identisch ist mit einem Moment des im Subjektsbegriff gedachten Gegenstandes.“ Eine kürzere Formulierung, unter der man sich nur den eben gekennzeichneten Sachverhalt vorzustellen hat, ist folgende: „Ein logischer Urteilsgehalt ist wahr, wenn sich der Prädikatsgegenstand am Subjektsgegenstand findet." Und entsprechend die Negation: „Ein logischer Urteilsgehalt ist falsch, wenn sich der Prädikatsgegenstand nicht am Subjektsgegenstand findet."

Es kann vorkommen, daß der Prädikatsgegenstand mit dem ganzen Subjektsgegenstand identisch ist. Das ist ersichtlich dann der Fall, wenn der Subjektsgegenstand nur ein einziges Moment aufweist. Derartige Gegenstände müssen sehr abstrakt sein und kommen fast nur unter den allgemeinsten Aussagen der Logik und Mathematik vor, z. B. wenn der Grundsatz der logischen Identität durch das Urteil „A ist A" ausgedrückt wird.

Die Wahrheit oder Falschheit eines logischen Urteilsgehaltes hängt offenbar nicht davon ab, wann und von wem geurteilt wird. Vielmehr kommt es bei der Wahrheitsfindung nur auf das Verhältnis des Prädikatsbegriffs zum Subjektsbegriff an. Die Seite des beurteilten Gegenstandes (des „Objekts") hat insofern den Vorrang vor der Seite des Urteilenden. Es hat daher einen echten Sinn, von „Objektivität" zu sprechen. Man denke auch an den Ausspruch von Matthias Claudius: „Mein Sohn, die Wahrheit richtet sich nicht nach uns, sondern wir müssen uns nach der Wahrheit richten."

§ 2 Die Struktur der Wissenschaft

Man kann folgende vorläufige Definition geben: „Wissenschaft ist ein systematischer Erkenntniszusammenhang von objektiver Geltung, der in der Form von Urteilen ausgesprochen wird."

Urteile sind also die Darstellungsformen der Wissenschaft, und die objektive Geltung besagt, daß die Erkenntnis auf Gegenstände in ihrem Sosein gerichtet sein muß, unabhängig vom erkennenden Subjekt und von zeitlichen Faktoren. Die Forderung des systematischen Zusammenhangs führt uns zum Problem der Einheit, der Einheitlichkeit, der Synthese.

In subjektiv-psychologischer Hinsicht wird die Synthese durch Assoziationen bewirkt, bei deren Untersuchung die empiristische Philosophie und Psychologie namentlich Englands vorangegangen ist; es seien hier nur Hartley, Hume, Mill und Spencer genannt. Jedoch hat bereits Aristoteles die vier Assoziationsgesetze der Ähnlichkeit, des Kontrastes, des räumlichen Zusammenseins und der zeitlichen Aufeinanderfolge aufgestellt.

Man kann als Hauptgruppen der Assoziationen zunächst die sinnlichen Assoziationen erwähnen, wie sie sich zum Beispiel bei Gesichts- und Gehörsempfindungen einstellen. Zweitens gehören hierher die künstlerischen Assoziationen, die sich in den Phantasievorstellungen bemerkbar machen, die moralischen Assoziationen und schließlich die religiösen Assoziationen. Bei den moralischen Assoziationen tritt die Sprache des individuellen Gewissens in Erscheinung, religiöse Assoziationen werden namentlich bei Glaubenserlebnissen wirksam.

Die Assoziationpsychologie ordnet die Vorstellungen passiv nach dem Mechanismus der Assoziationen und zielt insofern auf Erfahrung. Man nennt eine aus der Erfahrung erwachsene Erkenntnis aposteriorisch. Eine solche trägt bestenfalls assertorischen (s. u.) Charakter. Demgegenüber heißt alle Erkenntnis, welche unabhängig von der Erfahrung gilt, apriorisch. Einem apriorischen Denkzusammenhang kommt nach Kant Allgemeingültigkeit und Notwendigkeit zu.

Unter Allgemeingültigkeit versteht man die Unabhängigkeit von allen individuellen und zeitlichen Besonderungen. Z. B. tragen die Sätze der Mathematik, wenn anders sie überhaupt richtig sind, allgemeingültigen Charakter.

Ein notwendiges oder apodiktisches Urteil ist von der Art, daß sein Gegenteil denkunmöglich ist. Das wird sprachlich gern durch die Wendung „das muß so sein“ ausgedrückt. Im Gegensatz hierzu heißt ein nur tatsächlich richtiges Urteil („das ist so“) assertorisch. Die tatsächlichen Feststellungen (Leibniz: vérités de fait), wie sie etwa in der Physik oder der Geschichte auftreten, könnten auch andere sein, ohne daß sich ein Widerspruch mit dem Denken einstellt. Dagegen ist das Gegenteil einer Vernunftwahrheit (Leibniz: vérité de raison = vérité éternelle) denkunmöglich; Beispiel: die Sätze der Mathematik.

In der Wissenschaft wird nun die objektive Synthese (im Gegensatz zu der Subjektivität der Assoziationen) durch die Kategorien vorgenommen. Kategorien sind Aussageformen zur Bestimmung von Gegenständen. Die Notwendigkeit der Kategorien zur Feststellung objektiver Wahrheit hat als erster Aristoteles in seinem „Organon“ dargetan und selbst zehn Kategorien aufgestellt. Als erste die der Substanz (οὐσία), welche das Wesen des Gegenstandes bestimmt. Die übrigen neun Kategorien nennt Aristoteles die „Akzidentien“ (τὰ συμβεβηκότα). Diese sind die Quantität (ποσόν), die Qualität (ποιόν), die Relation (πρός τι), Ort (που), Zeit (ποτέ), Lage (κεῖσθαι), Zustand (ἔχειν), Tun (ποιεῖν), Leiden (πάσχειν).

Descartes (1596—1650) und Spinoza (1632—1677) erwähnen nur die Substanzkategorie, die bei ihnen zwei Klassen von Eigenschaften aufweist, die wesentlichen („Attribute“) und die unwesentlichen („Modi"). So hat zum Beispiel der (materielle) Körper die Ausdehnung als Attribut, dagegen etwa die Farbe als Modus.

Leibniz läßt von den zehn aristotelischen Kategorien sechs gelten (Substanz, Quantität, Qualität, Relation, Tun, Leiden).

Einen systematischen Weg bei der Aufstellung der Kategorien schlägt Kant ein, indem er sie entsprechend der logischen Urteilstafel zu einem architektonisch gegliederten Schema von vier Gruppen zu je drei Elementen anordnet. So erhält Kant folgende zwölf Kategorien:

Quantität:	Einheit, Vielheit, Allheit;
Qualität:	Realität, Negation, Limitation;
Relation:	Substanz und Akzidenz, Ursache und Wirkung, Wechselwirkung;
Modalität:	Möglichkeit und Unmöglichkeit, Dasein und Nichtsein, Notwendigkeit und Zufälligkeit.

Die Kategorien sind bei Kant „reine Verstandesbegriffe", die „in der Natur der Seele ihre Quelle haben", aber doch „a priori auf Objekte gehen" und wissenschaftliche Erfahrung erst ermöglichen.

Das Recht, die Kategorientafel nach Maßgabe der Urteilstafel aufzustellen, leitet Kant aus der Tatsache her, daß die Kategorien in logischer Hinsicht bestimmte Formen der Synthesis in einem Urteile darstellen. Immerhin darf über der „Architektonik" des Ganzen nicht eine gewisse Inhomogenität übersehen werden, die sich zum Beispiel darin zeigt, daß es sich bei den ersten drei Gruppen um Beziehungen zwischen Subjekt und Prädikat handelt, während es bei der Modalität bloß um die Beziehung des Urteils zum urteilenden Subjekt geht. Ferner zeigt sich eine Gewaltsamkeit etwa darin, daß aus Symmetriegründen die Kategorie der Limitation eigens geschaffen wird, während man z. B. das „Werden" zwischen der „Realität" und der „Negation" vermißt. Hatte schon Schopenhauer (1788—1860) im Grunde nur die Kategorien der Relation und von ihnen die der Kausalität (Ursache und Wirkung) anerkannt, während er die übrigen „elf blinde Fenster" nannte, so ist man heute der Auffassung, daß eine Kategorientafel niemals abgeschlossen sein kann. Bereits Hermann Cohen (1842—1918) hat in seiner *Logik der reinen Erkenntnis* (Berlin 1902 u. ö.) z. B. das Infinitesimale, die Bewegung und andere als neue Kategorien zugefügt, während in der Gegenwart Nicolai Hartmann im dritten Band seiner Ontologie: *Der Aufbau der realen Welt* (Berlin 1940) ein von modernen Gesichtspunkten getragenes Kategoriensystem vorlegt. —

Nach der Aufstellung seiner Kategorientafel handelt es sich für Kant um den Nachweis der objektiven Geltung des Kategoriensystems. Diese „transzendentale Deduktion" der Kategorien als „reiner Verstandesbegriffe" ist das Herzstück der *Kritik der reinen Vernunft*. Dabei nennt Kant transzendental „alle Erkenntnis, die sich nicht sowohl mit Gegenständen, als vielmehr mit unserer Erkenntnisart von Gegenständen, sofern diese a priori möglich sein soll, überhaupt beschäftigt." „Transzendental" deutet also auf die Erhebung des Erkenntnisbewußtseins über sich selbst vermöge einer Reflexion über sein eigenes Tun. Es handelt sich um das Zentralproblem der Anwendung der Kategorien auf das Gegebene: „wie können reine Verstandesbegriffe a priori auf Erscheinungen, welche doch a posteriori gelten, angewendet werden? Diese Rechtfertigung findet Kant darin, daß er dartut: die Kategorien sind als „Bedingungen der Möglichkeit der Erfahrung" zugleich die „Bedingungen der Möglichkeit der Gegenstände der Erfahrung". Die tatsächliche Einstimmung der Erscheinungen auf die Verstandesgesetze nennt Kant „Affinität" als den objektiven Grund aller Assoziationen der Erscheinungen. An dieser Stelle gewinnt man den „höchsten Punkt, den transzendentale Philosophie nur immer berühren mag und zu welchem sie auch, als ihrer Grenze und Vollendung, geführt werden muß".

Bei der Beantwortung der oben aufgeworfenen Frage nach der Anwendbarkeit der Kategorien auf Erscheinungen hält Kant zwei Antworten für möglich: Erstens wäre es denkbar, daß die Formen und Gesetze unseres Verstandes der Erfahrung entspringen. Aber sogar die Empiristen betonen, daß Kategorien in der Erfahrung nicht aufweisbar sind; und selbst wenn sie in dieser existierten, trügen sie nicht den Charakter der Notwendigkeit, gälten also nicht a priori. Deshalb können die Kategorien nicht der Erfahrung entstammen. Dann aber bleibt zweitens nur die paradox anmutende Behauptung übrig, daß der Verstand der Natur die Gesetze vorschreibt. Man gelangt so zu einer Identität von Verstandesgesetz und Naturgesetz. Daß die Paradoxie dieser Annahme eine nur scheinbare ist, erhellt daraus, daß die kategoriale Synthese im Erfahrungsurteil nur die begriffliche Festlegung beobachtbarer Verhältnisse bedeutet. Kant ist sich des umstürzlerischen Charakters dieser seiner Erkenntnis, wonach die Kategorien aus reiner Vernunft stammen, deshalb a priori gelten und die Erfahrung insofern nach Maßgabe ihrer Struktur allererst ermöglichen, vollauf bewußt. Er bezeichnet diese Abhängigkeit der Gegenstandserkenntnis von unseren Begriffen als „kopernikanische Revolution":

Nicht die Begriffe richten sich nach den Gegenständen, sondern umgekehrt die Gegenstände (freilich nur insofern sie „Erscheinungen" sind, denn nur solche sind in der Erfahrung aufweisbar) nach den Begriffen.

(Die noch denkbare dritte Möglichkeit einer „prästabilierten Harmonie" von Denken und Sein lehnt Kant als ungerechtfertigte „metaphysische Hypothese" ab. Allein hieraus ersieht man, einen wie großen Schritt Kant über Leibniz und den Rationalismus getan hat; Hume hat in Kant wirklich „den dogmatischen Schlummer unterbrochen".)

Die empirische Affinität gilt nun nur als Folge der transzendentalen Affinität. Ihr Begegnungspunkt ist die „synthetische Einheit der transzendentalen Apperzeption": „Die Apperzeption ist selbst der Grund der Möglichkeit der Kategorien, welche ihrerseits nichts anderes vorstellen als die Synthesis des Mannigfaltigen, sofern dasselbe in der Apperzeption Einheit hat." Die transzendentale Apperzeption stellt kein besonderes Erkenntniselement neben den Kategorien dar, sondern ist nur deren Einheitsbegriff als transzendentallogischer Einheitsgrund der reinen Verstandesgesetze; sie macht aus allen möglichen Erscheinungen einen Zusammenhang nach Gesetzen. Die Formgebung der Erscheinungen aus den Empfindungen ist das Werk einer Synthesis, welche der unbewußt arbeitende Verstand („produktive Einbildungskraft") vollzieht, indem er das Mannigfaltige der Empfindungen nach seinen kategorialen Urformen zu den sinnlichen Erscheinungen zusammenfügt. (Dabei versteht Kant unter „Einbildungskraft" „das Vermögen, einen Gegenstand auch ohne dessen Gegenwart in der Anschauung vorzustellen"; die Einbildungskraft ist „produktiv“, wenn sie selbst Vorstellungen erzeugt.)

Wenn die Kategorien gleichzeitig die logische Form der Urteile abgeben und ihre transzendentale Wirksamkeit unmittelbar an den empirischen Erscheinungen erweisen sollen, ist eine Transformation nötig. Diese Transformation bedingt als Zwischenglied die Z e i t. So erscheint z. B. die Kausalität in logischer Beziehung als Grund/Folge, in realer Anwendung als Ursache/Wirkung. Die in die Zeit versenkte Kategorie nennt Kant ein „t r a n s z e n d e n t a l e s S c h e m a“ („Vom Schematismus der reinen Verstandesbegriffe“). Die Schemata vermitteln die Umformung der Kategorien; es gibt deren ebenso viele wie Kategorien, und sie machen aus logischen Formen durch Hineinnahme der zeitlichen Abhängigkeit ontologische Formen. Als Beipiel diene die Substanz. Sie ist als Kategorie das Verhältnis eines Merkmals zu einem Subjektsbegriff, von welchem sie als Prädikat ausgesagt wird. In der Realität bedeutet Substanz das Verhältnis der wechselnden Eigenschaften zu einem beharrenden Ding. Das Schema der Substantialität ist daher die Beharrlichkeit in der Zeit, und Kant stellt als „erste Analogie der Erfahrung“ den Grundsatz der Beharrlichkeit der Substanz auf: „Bei allem Wechsel der Erscheinungen beharrt die Substanz, und das Quantum derselben wird in der Natur weder vermehrt noch vermindert.“ —

Die ausführliche Darlegung des Kategorienproblems im allgemeinen und seiner Auflösung bei Kant im besonderen diente der Unterstreichung der Wichtigkeit dieser Formen für die Wirklichkeitserkenntnis. Die Kategorienlehre steht in ihrem Mittelpunkte bis auf die Gegenwart. L i e b e r t hat die Kategorien wegen ihrer Doppelbedeutung als

Gedankenformen und zugleich Seinsformen durch den Terminus „dialektische Funktionen“ charakterisiert. Wenn man dieses dialektische Moment in der Erkenntnis und die Merkmale der Kantischen Synthesis in eine neue Definition der Wissenschaft einbezieht, gelangt man zu folgender Fassung: „Wissenschaft ist ein Erkenntniszusammenhang von dialektischer, durch die produktive Einbildungskraft vermittelter Struktur, der objektive Geltung besitzt und in der Form von Urteilen ausgesprochen wird.“ —

Die beiden gegebenen Wissenschaftsdefinitionen könnten dem Vertreter positiver Wissenschaften dadurch angreifbar erscheinen, daß der hypothetische Charakter vieler Wissenschaftsgebiete und ihr oft nur wahrscheinlichkeitsgemäßer Zusammenhang nicht gebührend berücksichtigt erscheint. Denn gerade die Axiomatik in den exakten Wissenschaften hat gezeigt, daß absolute Erkenntnis nur vergleichsweise durchführbar ist. Jede axiomatisierte Disziplin stellt im Grunde ein hypothetisch-deduktives System dar: „Wenn die Axiome ... gelten, so ist ...“, müßte streng genommen jede bewiesene Aussage einer axiomatisierten Disziplin lauten. Aber auch in den noch nicht axiomatisierten oder überhaupt nicht axiomatisierbaren Wissenschaften kommt den Hypothesen und Wahrscheinlichkeitsschlüssen wachsende Bedeutung zu. Hierauf hat von philosophischer Seite in jüngster Zeit Carl Stumpf (1848—1936) hingewiesen.

Der Vertreter der Einzeldisziplin wird eine Wissenschaftsdefinition vorziehen, wie sie etwa Erich Becher gegeben hat mit den Worten (*Geisteswissenschaften und Naturwissenschaften*, München u. Leipzig 1921, S. 6): „Eine Wissenschaft ist ein gegenständlich geordneter Zusammenhang von Fragen, wahrscheinlichen Annahmen und wahren Urteilen nebst zugehörigen und verbindenden Untersuchungen und Begründungen, die sich auf denselben Gegenstand bzw. auf dieselbe Gruppe von sachlich zusammengehörigen Gegenständen beziehen."

Kapitel II

Die Möglichkeit der Erkenntnis

§ 1 Dogmatismus, Skeptizismus, Kritizismus

Dem Dogmatismus wird die Erkenntnis gar nicht zum Problem. Er setzt ein naives Vertrauen in die Erkenntnisfähigkeit: alles kann erkannt werden. Voraussetzung des Dogmatismus ist insofern die Allmacht des Erkennens.

Der Skeptizismus bestreitet diese Allmacht. Ein absoluter Skeptizismus hebt sich freilich selbst auf; denn mindestens soll ja seine Behauptung, daß es keine Erkenntnis gibt, wahr, also eine Erkenntnis sein. Außerdem muß auch der Skeptiker z. B. den logischen Satz des Widerspruchs als gültig annehmen, wonach ein sich selbst widersprechendes Urteil ungültig ist. Daß Erkenntnis überhaupt möglich ist, zeigt die Existenz der Wissenschaften. Daher fragt die Erkenntnistheorie auch nicht, ob Erkenntnis, sondern nur, wie Erkenntnis möglich ist. Wenn die Skeptiker uns überzeugen würden, daß alle bisherige „Erkenntnis" gar keine solche sei, so würde mindestens dieser Nachweis eine Erkenntnis darstellen.

Dennoch kann den skeptischen Einwänden eine gewisse Berechtigung nicht abgesprochen werden. Allein die mit der Sprache als logischem Ausdrucksmittel zusammenhängenden Irrtümer (Vieldeutigkeit der Begriffe, Bedeutungswandel, bildliche Ausdrucksweise) erschüttern den naiven Dogmatismus. Indem man freilich diese und andere Möglichkeiten des Irrtums durchschaut, feit man sich gegen solche „Idole", wie Francis Bacon von Verulam (1561 bis 1626) die Vorurteile und falschen Vorstellungen genannt hat (*Novum organum scientiarum*, 1620). Hier unterscheidet Bacon neben den durch den menschlichen Verkehr mittels der Sprache verursachten „idola fori" die „idola theatri", welche die Irrtümer überlieferter philosophischer Systeme verewigen, die „idola tribus" (die Anthropomorphismen) und viertens die „idola specus", die durch individuelle Eigentümlichkeiten bedingt sind.

Der Skeptizismus darf kein unbestimmter und absoluter sein, sondern muß seine gegen den Dogmatismus gerichteten Bedenken präzisieren; dann wird er zum Kritizismus.

Der Kritizismus grenzt die Ansprüche von Dogmatismus und Skeptizismus gegeneinander ab. Am Dogmatismus ist richtig, daß der Erkenntnisfähigkeit Vertrauen entgegengebracht werden kann; am Skeptizismus hingegen trifft zu, daß man sich über die Gründe und die Tragweite des Vertrauens Rechenschaft ablegen muß.

Ein Kritizismus empfiehlt sich auch als Gegengewicht gegen die irrationalistische Modeströmung des Intuitionismus im Sinne Bergsons (1859 bis 1941) und der sogenannten Lebensphilosophen (vgl. Heinrich Rickert, *Die Philosophie des Lebens*, 2. Aufl., Tübingen 1922). Man sollte nicht gegen den Intellekt zu Felde ziehen. Ohne verstandesmäßiges Erkennen gibt es keine Begriffe, welche nun einmal „starr" sein müssen. Das hat mit der Beweglichkeit des Lebendigen nichts zu schaffen. Selbst einmal angenommen, daß die intuitiven Einfälle dem diskursiven Schließen überlegen wären, müßte man dennoch über den Wahrheitswert solcher „Erkenntnis" reflektieren. Die richterliche Funktion des Verstandes bleibt also bestehen.

§ 2 Hauptformen des Skeptizismus

1. Der subjektive Relativismus. Ein Subjektivismus kann zwei Bedeutungen haben: einem Subjekt zugehörig — nicht objektiv gültig. Die Zugehörigkeit zu einem Subjekt besagt nicht, daß das Erkennen nicht für Objekte gilt. Weder ein individuelles noch ein generelles Subjekt kann als Maß der Erkenntnis gesetzt werden; denn es gibt in diesem Falle keine allgemeingültigen Aussagen, und der Selbstwiderspruch ist vollzogen. Ebenso hebt der allgemeine Relativismus („alles ist relativ"), wonach überhaupt kein Urteil objektive Geltung hat, sich selbst auf die gleiche Weise auf, wie es oben (S. 34) am absoluten Skeptizismus dargelegt wurde.

Der berechtigte Kern des Relativismus ist der Umstand, daß beim Erkenntnisvorgang auch Organisation und Blickrichtung des erkennenden Subjekts, mag dieses ein Individuum oder eine Gattung sein, in Rechnung gesetzt werden müssen. Ebenso ist natürlich zu berücksichtigen, daß etwa die Erkenntnis der Außenwelt relativ zur Organisation unserer Sinnesorgane erfolgt (Lockes sekundäre Sinnesqualitäten, siehe S. 11). Und schließlich gibt einem Relativismus Nahrung, daß häufig nur Aussagen über Verhältnise („Relationen") von Gegenständen gemacht werden können.

Die Tatsache jedoch, daß Besonderungen der erwähnten Arten in die Erkenntnis einbezogen werden können, beweist bereits, daß wir objektiver Erkenntnis fähig sind. Damit ist der subjektive Relativismus widerlegt.

2. Der Pragmatismus (siehe zur Orientierung: Günther Jacoby, *Der Pragmatismus*, Leipzig 1909) ist eine Sonderform des Relativismus. Seine Grundanschauung (sprachliche Wurzel: πραχ = tun) ist die, daß eine Erkenntnis nur dann wahr zu nennen ist, wenn sie wirksam, lebensfördernd ist, wenn sie dem praktischen Handeln dient. Der moderne Pragmatismus (Name 1878 von C. S. Peirce, 1839—1914) geht von den angelsächsischen Ländern aus. In erster Linie ist William James (1842—1910) zu nennen (*Pragmatism*, 1907, dtsch. v. W. Jerusalem, Leipzig 1908); ferner John Dewey (geb. 1859) und F. C. S. Schiller (geb. 1864: *Humanism*, 1903, dtsch. v. R. Eisler, Leipzig 1911). In Deutschland findet sich der Pragmatismus u. a. bei Friedrich Nietzsche (1844—1900) und Georg Simmel (1858—1918). Auch Goethe (1749—1832) hat man zufolge seines Ausspruchs „Was fruchtbar ist, allein ist wahr" den Pragmatisten zurechnen wollen.

James führt aus: „Als annehmbare Wahrheit gilt dem Pragmatismus einzig und allein das, was uns am besten führt, was für jeden Teil des Lebens am besten paßt, was sich mit der Gesamtheit der Erfahrungen am besten vereinbaren läßt." Und Simmel definiert: „Wir nennen diejenigen Vorstellungen wahr, die sich als Motive des zweckmäßigen, lebensfördernden Handelns erwiesen haben." Für den Pragmatisten gibt es insofern ebenso viele „Wahrheiten" wie Organisationen von Lebewesen; wissenschaftliche Theorien sind ihm keine Antworten auf Fragen, sondern Werkzeuge für weitere Tätigkeit (Deweys „Instrumentalismus").

Zum Pragmatismus ist grundsätzlich zu sagen, daß mit der Annahme, es gibt ebenso viele Wahrheiten wie Organisationen von Lebewesen, der Satz des Widerspruchs und jedes folgerichtige Denken überhaupt aufgehoben wird. Außerdem bedeuten „wahr“ und „lebensfördernd“ durchaus Verschiedenes.

Deshalb hat sich der Pragmatismus oft auf eine abgeschwächte Form zurückgezogen, indem er sagt: Heute seien „wahr“ und „lebensfördernd“ zwar verschieden, aber einst habe sich der erste Begriff aus dem zweiten entwickelt. So formt sich der Pragmatismus zu einem biologischen Evolutionismus: Wahrheit ist ein Ausleseergebnis der Menschheitsentwicklung. Auf diese Weise erhält „wahr“ die Bedeutung von „nützlich“. Dann kann man aber fragen: Wie kommt es überhaupt zu den beiden Begriffspaaren „wahr und falsch“, „nützlich und schädlich“? Beide meinen doch Verschiedenes.

Eine berechtigte Frage wäre folgende: Ist das menschliche Wahrheitsstreben vielleicht zufolge einer etwaigen biologischen Nützlichkeit begünstigt worden, war es also lebensfördernd, nach Wahrheit zu streben? Dieser Alternative ist zugute zu halten, daß sie von vornherein die Begriffe „wahr“ und „biologisch nützlich“ als verschieden anerkennt. Sicher besitzt die objektive Wahrheitserkenntnis neben dem Selbstwert auch Nutzwert, jedoch durchaus nicht immer. Man kann daher nicht grundsätzlich wahr gleich nützlich, falsch gleich schädlich setzen. Denn erstens können falsche Urteile nützlich, wahre Urteile schädlich sein. Weiterhin setzen alle biologischen Begriffsbildungen dieser Art den Wahrheitsbegriff im objektiven Sinne bereits voraus; denn auch der Pragmatist wird nicht behaupten wollen, daß die Gleichsetzung von wahr und nützlich nur „nützlich“ ist. Und schließlich gibt es wahre Erkenntnisse, bei denen von Nützlichkeit oder

Schädlichkeit überhaupt keine Rede sein kann, man denke z. B. an die Astronomie.

Abwegig ist es auch, die Wahrheit nur als allgemeinen Namen für Verifikationen anzusehen. Das Prädikat „wahr" kann sinnvoll nur Urteilen beigegeben werden, wie bereits oben (S. 21) gesagt wurde. Zwar ist ein Kennzeichen der Wahrheit eines Urteils, daß es sich bei der Nachprüfung bewährt, aber eine solche Bestimmung macht nicht den Sinn der Wahrheit aus. Der Unterschied von Beweis und Verifikation ist besonders deutlich an mathematischen Beispielen einzusehen: Der Satz: „Die Winkelsumme des ebenen (euklidischen) Dreiecks beträgt zwei Rechte" ist nicht deswegen eine wahre Aussage, weil er sich beim Ausmessen beliebig vieler Dreiecke bewährt, sondern umgekehrt: Weil die in Rede stehende Behauptung „bewiesen" werden kann, sind wir sicher, daß sie bei jedem einzelnen Dreieck zutrifft.

3. Der Fiktionalismus (Hans Vaihinger, 1852—1933; Hauptwerk: *Die Philosophie des Als-ob*, Leipzig 1911 u. ö., z. T. bereits 1876 verfaßt) stimmt insofern mit dem Pragmatismus überein, als auch er die Begriffe als zweckmäßige Werkzeuge zur Beherrschung der Wirklichkeit ansieht. Unter einer Fiktion versteht Vaihinger eine bewußt falsche Annahme. Insofern wird allerdings — im Gegensatz zum Pragmatismus — der Wahrheitsbegriff nicht prinzipiell verwässert.

Fiktionen trifft man zweifellos in den Wissenschaften recht häufig an. Man denke z. B. an das Vacuum, die kräftefreie Bewegung, das ideale Gas usw. Aber eine große Anzahl wesentlicher Grundbegriffe (Substanz, Kausalität, Atom) kann doch nicht fiktiv gedeutet werden. In der Mathematik sind die Vaihinger'schen Annahmen großenteils widerlegt (Ch. Betsch, *Fiktionen in der Mathematik*, Stuttgart 1926). Geht man gar zur Ethik über, so wird der Fiktionalismus vollends problematisch; denn sittliches Handeln läßt sich nicht auf „bewußt falsche Annahmen" gründen.

4. Der Ökonomismus (Herbert Spencer, Ernst Mach, Richard Avenarius) deutet die Wahrheit als Anpassung an die Umgebung. Es gebe keine objektive Wahrheit, welche von den Wissenschaften ermittelt werden könnte, sondern nur zweckmäßigste Beschreibungen. Die Wissenschaft befolge das „Prinzip der Ökonomie des Denkens", es gehe um Kraft- und Zeitersparnis.

Hierzu ist zu sagen, daß ökonomische Erwägungen solcher Art in der Praxis der Wissenschaften sicher eine Rolle spielen, man denke an Ziffern, Formeln und sonstige Symbole. Aber die Gültigkeit eines Urteils hängt niemals davon ab, daß es kraftersparend oder bequem zu formulieren ist. Eine Folge der Wahrheitserkenntnis darf niemals für diese selbst gehalten werden.

Kapitel III

Die Quellen und Grenzen der Erkenntnis

Wenn das Ziel der Erkenntnis auf der Erfassung von Gegenständen und ihrer gültigen Beurteilung beruht, taucht die Frage auf, woher das Denken seinen Inhalt und seine Gültigkeit gewinnt. Wir gelangen so zur Herkunftsfrage, der Frage nach dem Ursprung der Erkenntnis. Dabei soll Ursprung nicht oder doch jedenfalls nicht vorwiegend psychologisch und genetisch gedeutet werden. Vielmehr geht es um die erkenntnistheoretische Seite der Herkunftsfrage. Insofern spricht man gern von den

„Quellen" der Erkenntnis. Als solche erweisen sich entweder die Vernunft (Rationalismus) oder die Erfahrung (Empirismus) oder schließlich eine Synthese beider, die das Berechtigte jedes Standpunktes anerkennt und die Einseitigkeiten vermeidet (Kritizismus). Die gleichen drei Grundanschauungen geben uns auch Antwort auf die Frage nach den Grenzen der Erkenntnis.

§ 1 Der Rationalismus

Rationalismus (ratio) bedeutet Vernunfterkenntnis. Diese ist allgemeingültig und notwendig, sie duldet keine Ausnahmen. Insofern die rationalistische Erkenntnisart keine Erfahrungstatsachen zur Rechtfertigung ihrer Urteile für erforderlich erachtet, gilt sie a priori. Hinsichtlich des realen Bereichs gewährt der Rationalismus nur Relationsurteile; er ist wirklichkeitsfrei, wenn auch nicht wirklichkeitsfremd.

Muster und Vorbild der rationalen Erkenntnis gewährt die Mathematik. So sagt schon Nikolaus Cusanus (1401—1464): „Nihil certi habemus in nostra scientia nisi nostram mathematicam." Bekannt ist auch Kants Ausspruch aus der Vorrede der *Metaphysischen Anfangsgründe der Naturwissenschaft:* „Ich behaupte aber, daß in jeder besonderen Naturlehre nur soviel eigentliche Wissenschaft angetroffen werden könne, als darin Mathematik anzutreffen ist."

Der Rationalismus steht methodisch dem Dogmatismus nahe (s. S. 34). Auch er hat unbegrenztes Zutrauen zur Möglichkeit der Erkenntnis. Er glaubt, die letzten Fragen des Weltzusammenhanges aus reiner Vernunft beantworten zu können und bemüht sich insofern um den Aufbau einer (dogmatisch-aprioristischen) Metaphysik.

Trotz seiner betonten Gegnerschaft zur Scholastik des Mittelalters tritt der Rationalismus in gewisser Hinsicht das Erbe der mittelalterlichen Metaphysik an. Ein Zeichen dessen sind auch die Gottesbeweise. Für den Rationalisten ist Gott der Weltmathematiker, der nach Maßgabe einer universalen Weltformel alles Geschehen regelt. Man vergleiche auch das bekannte Galilei-Zitat (*Il saggiatore*, 1632): „Das Buch der Natur ist in mathematischer Sprache geschrieben, und die Schriftzüge sind Dreiecke, Kreise und andere Figuren, ohne deren Hilfe es unmöglich ist, auch nur ein Wort zu verstehen."

Wenn wir die Entwicklung des Rationalismus in der Geschichte der Philosophie kurz vorüberziehen lassen, so stoßen wir zunächst auf Descartes. Die „klare und deutliche" Erkenntnis stellt ein rationales Wahrheitskriterium nach dem Muster des „cogito, ergo sum" dar. Zu seiner Sicherung wird auf einen realen, wahrhaften Gott rekurriert.

Spinoza hat in seiner *Ethica more geometrico demonstrata* (1677) der Philosophie sogar das äußere Schema mathematischer Lehrbücher aufgeprägt: In jedem der fünf Bücher des Werkes wird mit Definitionen und Axiomen begonnen, dann werden hieraus Lehrsätze und ihre Beweise abgeleitet und Korollarien und Scholien angeschlossen. Bemerkenswert ist der Satz II, 7: „Ordo et connexio idearum idem est ac ordo et connexio rerum". In diesem Anspruch, die durch Erfahrung gerechtfertigten Wirklichkeitszusammenhänge der Vernunftordnung parallel zu setzen, offenbart sich bereits ein extremer Rationalismus, während der einfache Rationalismus nur wirklichkeitsfreie Zusammenhänge, wie z. B. die logischen Grundsätze und die fundamentalen Relationsbegriffe, aus reiner Vernunft begründet.

Die letzte Zuspitzung des Rationalismus, auch das Dasein der konkreten Dinge (Gesteine, Pflanzen, Tiere) und ihre Verteilung im Raume aus reiner Vernunft herzuleiten, ist absurd und selbst von einem so streng aprioristischen Denker wie J. G. Fichte (1762—1814) nicht gefordert worden, wogegen Schelling (1775—1854) und Hegel mit ihrer Ineinssetzung von Denken und Sein weitgehend Spinoza folgen.

Leibniz vertritt im Gegensatz zum Mechanismus des Descartes eine dynamische Bewußtseinstheorie und hat eine aktualistische Seelenauffassung. Wie einst Aristoteles seine Teleologie dem Atomismus Demokrits entgegengesetzt hatte, schreitet auch Leibniz über Descartes und die rein mechanistische Naturauffassung hinaus: Das Einzelgeschehen sei zwar kausalmechanisch determiniert; der Weltplan als Ganzes könne aber nur final verstanden werden. Anders ausgedrückt: Der in der speziellen Naturerkenntnis anzuwendende Mechanismus kann nicht selbst „mechanisch" gerechtfertigt werden, sondern bedarf hierzu der Annahme einer Teleologie. Leibniz übernimmt von Aristoteles den Gedanken der Entelechie (zielstrebigen Entwicklung), welche ihn die Spontaneität der rationalen Erkenntnis aussprechen läßt. Damit kommt ein neuer und für die Zukunft folgenreicher Gedanke im Rationalismus zum Durchbruch. Trotz dieses dynamischen Zuges ist auch für Leibniz die Hauptfunktion des Geistes eine theoretische und beruht im Denken oder Vorstellen: die Monaden sind „vorstellende Kräfte". Es herrscht der Primat des Verstandes, der insofern die Einheit der sinnlichen Erscheinungen sichert. Die Erkenntnis hat die Form der Einheit und ist daher schöpferischer Grund alles weiteren Fortschreitens. Dem aus der Scholastik stammenden und von Locke übernommenen Satze: „Nempe nihil est in intellectu, quod non antea fuerit in sensu" fügt Leibniz die Worte „nisi intellectus ipse" an. Der „intellectus ipse" ist der Grund dafür, daß wir Einzelvorstellungen zu Begriffen erheben können, anders ausgedrückt, daß die „perzipierten sinnlichen Wahrnehmungen" zu „Apperzeptionen", einem bewußten Wissen, werden.

Aus der Form der Einheit folgt die Beweisbarkeit der Erkenntnis, wodurch die Heranziehung der Mathematik bewirkt wird. Von Einheit der Erkenntnis kann nur die Rede sein, wenn ein höchstes Erkenntnisprinzip obwaltet und die einheitliche Deduktion der Erkenntnis ermöglicht. Dieses Prinzip ist die denkende Kraft der Leibnizischen Monade. Die Beweisbarkeit der Erkenntnis führt zwangsläufig zum Problem der Methode und der Heranziehung der Mathematik. Wenn auch die Mathematisierung die Gefahr der Vereinseitigung in sich birgt, haben dennoch auch die Rationalisten die emotionalen Kräfte gekannt. Die Absicht der Rationalisten ist eine methodische, nämlich die Ablösung der Philosophie als Wissenschaft von den irrationalen Hintergründen. Wer die Einwirkung der mathematisch-logisch-deduktiven Methode an sich erfahren hat, der hat die Kraft der Rationalität kennengelernt.

Das mathematische Vorbild für die Erkenntnis gewährt insbesondere Einsicht in die Kategorie der Notwendigkeit; hierum hat bereits Platon gewußt. Bei Leibniz wird die Notwendigkeit der Vernunft zum „Satz vom zureichenden Grunde" (principium rationis sufficientis), in welchem ein theoretisch-logisches und ein realistisch-ontologisches Prinzip eingeschlossen liegen.

Schopenhauer hat in seiner Dissertation (1813) *Über die vierfache Wurzel des Satzes vom zureichenden Grunde* folgende vier Bedeutungen hervorgekehrt:

1. Die ontologische oder Realbedeutung. Sie bezieht sich auf das Sein als solches, das noch zeitlos gedacht wird.

2. Die naturwissenschaftlich-physikalische Bedeutung. Diese erstreckt sich auf das Werden, beleuchtet das Verhältnis von Ursache und Wirkung und rechtfertigt insofern die Kausalität.

3. Die psychologisch-anthropologische Bedeutung führt zum seelischen Leben und seinen Motivationen: „Die Motivation ist die Kausalität von innen gesehen."

4. Die rational-logische Deutung macht den Satz vom zureichenden Grunde zum Satz vom Grunde des Erkennens. (Als formal müßte dieser am Anfang stehen, denn auf inhaltliche Momente läßt sich keine Erkenntnis aufbauen.) —

Die Gefahr des Rationalismus liegt in seiner Demonstrationssucht. Er zeigt immer wieder das Streben, Tatsachen- in Vernunftwahrheiten überzuführen. Diese Grenzüberschreitung führt in letzter Konsequenz zur Identifikation von Wahrheit und Wirklichkeit. (Vgl. zu diesem Problemkreis das systematische Hauptwerk von Bruno Bauch: *Wahrheit, Wert und Wirklichkeit*, Leipzig 1923.)

Dennoch darf nicht verkannt werden, daß folgende zwei Merkmale der an der Mathematik orientierten rationalistischen Philosophie dieser immer wieder Beachtung sichern werden:

a) Die Abweisung autoritativer Glaubens- und Gefühlswahrheiten.

b) Die praktische Verwertbarkeit der rationalen Kulturformen, wie sich vornehmlich in dem Herauswachsen der modernen Technik aus den Naturwissenschaften gezeigt hat.

Hinsichtlich dieses Momentes lehren allerdings die Erfahrungen der letzten Jahrzehnte und die in ihnen vollzogenen Machtkämpfe, daß die Technik auch mißbraucht werden kann und daß die Versuchung hierzu um so größer ist, je mächtiger die Waffen sind, welche die Technik der modernen Kriegsführung darbietet. Es ist eine wesentliche Frage der neueren Kulturphilosophie, ob die angedeuteten Konsequenzen der zivilisatorischen Entwicklung primär der Technik oder dem Menschen zugeschrieben werden müssen.

§ 2 Der Empirismus

Empirismus (ἐμπειρία) bedeutet Erfahrungserkenntnis. Diese beruht auf Sinneswahrnehmungen und gilt a posteriori. Der Empirismus ist häufig mit dem Sensualismus, Relativismus und Skeptizismus verknüpft. Er erweitert unsere Kenntnis von Tatsachen und ist wirklichkeitsnah.

Für den Empirismus liegt die Quelle der Erkenntnis in der Erfahrung, besonders der sinnlichen Wahrnehmung (sensus, daher „Sensualismus"), für die das erkennende Bewußtsein nur einen Aufnahmeapparat darstellen soll. Insofern ist die Erkenntnis rezeptiv, Assoziationen (S. 26) spielen die Hauptrolle. Eine Spontaneität des Geistes wird abgewiesen, die Seele gleicht einer „tabula rasa" (Locke, s. S. 10). Die Gesetzlichkeit solcher Erkenntnis ist die der Induktion. Eine Metaphysik als Wissenschaft wird abgelehnt. Was „hinter" der Erscheinungswelt liegt, wird zum mindesten als uninteressant bezeichnet, wenn es nicht gar als nicht vorhanden angesehen wird.

Freilich sind sich auch die Empiristen darüber klar, daß durch bloße Sammlung von Beobachtungen noch keine Wissenschaft entsteht. Ein Erkenntniszusammenhang muß hergestellt und begründet werden. Deshalb erhebt sich für den Empirismus die Frage: Wie entstehen die Formen und Gesetze der Erkenntnis?

Wie schon erwähnt, werden nach empiristischer Auffassung die Bewußtseinsinhalte durch Assoziationen verknüpft. Hartley (1705—1755) begründet diese Auffassung, David Hume hat sie systematisiert und John Stuart Mill (1806—1873) in sein Hauptwerk *A system of logic ratiocinative and inductive* (1843) eingebaut. In Humes *Enquiry concerning human understanding* (1748) finden sich (in Anknüpfung an die Psychologie des Aristoteles) drei Grundgesetze der Assoziation:

1. Die Verknüpfung der Vorstellungen nach dem Prinzip der Ähnlichkeit (resemblance) bzw. des Kontrastes.
2. Nach dem Prinzip der zeitlichen oder räumlichen Berührung (contiguity in time or place).
3. Nach Ursache und Wirkung (cause and effect).

Die Verbindung der Vorstellungen erfolgt nach empiristischer Auffassung nicht vorwiegend verstandesmäßig, sondern unter Mitarbeit von Trieben, Instinkten, Temperament und dem allgemeinen Lebensinteresse. Erkenntnisgesetze sind nicht primär Verstandesgesetze, sondern Spielarten der allgemeinen Lebensgesetze. Dabei wird „Leben" weitgehend biologisch, also unter Absehen von der geistigen Welt, erfaßt. Von hier ergibt sich eine Querverbindung zum Pragmatismus (S. 37—39).

Auch der Form der Darstellung nach orientiert sich die empiristische Erkenntnistheorie nicht an den exakten Wissenschaften, sondern ist vorwiegend der organischen Wirklichkeit und der praktischen Lebensführung verhaftet.

Weil für den Empiristen die Grenzen des Erfahrbaren zugleich die Grenzen des Erkennbaren sind, wird alle Metaphysik abgewiesen. So schließt Hume seinen *Enquiry* mit den berühmt gewordenen Worten: „Greifen wir irgendeinen Band aus den Bibliotheken heraus, etwa über Gottesgelehrtheit oder Schulmetaphysik, so sollten wir fragen: Enthält er irgendeinen Gedankengang über Größe und Zahl? Nein! Enthält er irgendeinen aus Erfahrung gestützten Gedankengang über Tatsachen und Dasein? Nein! Nun, so werft ihn ins Feuer, denn er kann nichts als Blendwerk und Täuschung enthalten."

Auch Comte gehört zu den Gegnern der Metaphysik. In seinem *Cours de philosophie positive* (1830/42) entwickelt er das „Drei-Stadien-Gesetz". Demzufolge hat die Kultur und haben die Wissenschaften ein theologisches, ein metaphysisches und ein positives Stadium durchzumachen, und dem letzten gehört die Zukunft. Im theologischen Stadium arbeiten die Wissenschaften mit Gottheiten und anderen übernatürlichen Mächten (z. B. der Dryade im Baum). Das metaphysische Stadium verleitet zum Aufstellen von Zwecken, Ideen und sonstigen allgemeinen Prinzipien (etwa der vegetativen Seele bei Aristoteles). Im positiven Stadium beschränkt man sich auf die Feststellung von Tatsachen auf dem Wege der Beobachtung und des Experiments und auf die Ableitung der zwischen ihnen obwaltenden Gesetzmäßigkeiten (physikalisch-chemische Kräfte auch in der belebten Natur).

Der Wert der Wissenschaft liegt nach empiristischer Auffassung in ihrer Nutzbarkeit. Hierher gehört sowohl der Ausspruch F. Bacons: „Knowledge is power" wie das Comte'sche „Savoir pour 'prévoir". Man möge keine Kraft auf die (doch unmögliche) Erkenntnis eines „Absoluten" verschwenden, sondern auf diesseitige Lebensverbesserung sinnen. Die Wissenschaften sind nützliche Werkzeuge für den Lebenskampf des Menschen. In diesem utilitaristischen Zuge finden wir die schon oben (S. 37—39) dargestellten Spielarten des Pragmatismus wieder. Diesem Pragmatismus hat Nietzsche in seinem *Willen zur Macht* (1906 aus dem Nachlaß veröffentlicht) schärfsten Ausdruck verliehen: In dem Kapitel „Biologie des Erkenntnistriebes, Perspektivismus" steht: Der „Sinn für Wahrheit" rechtfertigt sich „als Mittel der Haltung von Mensch, als Machtwille". Wahrheit ist keine Idee oder Norm, sondern „Wahrheit ist die Art von Irrtum, ohne welche eine bestimmte Art von lebendigen Wesen nicht leben könnte. Der Wert für das Leben nur entscheidet zuletzt." „Es ist unwahrscheinlich, daß unser Erkennen weiter reichen sollte, als es knapp zur Erhaltung des Lebens ausreicht." „Bewußtsein ist soweit da, als Bewußtsein nützlich ist." — Es ist ersichtlich, daß auf solche Weise der Wert der Erkenntnis völlig relativiert und das bedeutet aber: aufgehoben wird.

In jüngster Zeit hat Max Scheler (1875 bis 1928) die soziologische Bedingtheit der Erkenntnisformen dargestellt und fünf parallele Typen der philosophischen Anthropologie und Geschichtsphilosophie aufgestellt. Hier steht an dritter Stelle eine Ideologie des Menschen in Verbindung mit Naturalismus, Positivismus und Pragmatismus; mit

Recht wird dieser Mensch als „homo faber" (Werkzeugtier) charakterisiert. (Um Mißverständnisse zu verhüten, sei darauf aufmerksam gemacht, daß Scheler — trotz des Wandlungsreichtums seiner Philosophie — doch keinesfalls als Empirist gelten kann; vielmehr hat Scheler stets das Apriorische hervorgekehrt, so in seiner bekannt gewordenen Definition der Philosophie: „Philosophie ist ihrem Wesen nach streng evidente, durch Induktion unvermehrbare und unvernichtbare, für alles zufällig Daseiende a priori gültige Einsicht in alle uns an Beispielen zugänglichen Wesenheiten und Wesenszusammenhänge des Seienden, und zwar in der Ordnung und dem Stufenreich, in denen sie sich im Verhältnis zum absolut Seienden und seinem Wesen befinden.")

§ 3 Der Kritizismus

Während Rationalismus und Empirismus eine lange Entwicklung aufweisen, stellt der Kritizismus eine Revolution der Denkungsart dar und wurde auch von Kant als solche empfunden. Der Kritizismus greift über den Bereich des Theoretischen, ja selbst des Philosophischen hinaus und ist eine Geistesmacht, mit der sich nur wenige vergleichen lassen.

Der Empirismus beschränkt das Erkenntnisvermögen auf eine passive Rezeptivität. Die Aktivität des Rationalismus hat darin ihre Grenze, daß sie auf die „Formen" des wissenschaftlichen Erkennens beschränkt bleibt; nur insoweit betätige sich der Verstand spontan. Die Spontaneität bleibt auf die rationalisierbaren Wissenschaften eingeschränkt. Demgegenüber weist Kant nach, daß sich die Schöpferkraft der Vernunft auch und gerade im Bereich des Organischen und in den Lebensgebieten des moralischen Handelns und der Kunst erweist. Von hier ist es nur ein Schritt zu Hegels Deutung der Weltgeschichte als „Fortschritt im Bewußtsein der Freiheit". Im Mittelpunkt der kritischen Philosophie steht somit als Spontaneität das Schöpfertum der Vernunft. Wenn Kant dieses apriorische Vermögen meint, spricht er von „rein". Insofern hätten die Titel der ersten beiden Vernunftkritiken lauten können: „Kritik der reinen theoretischen Vernunft", „Kritik der reinen praktischen Vernunft".

Die *Kritik der reinen Vernunft* (1781, 2. Aufl. 1787) ist das Grundbuch der kritizistischen Erkenntnistheorie überhaupt. Das umfangreiche Werk (nahezu 900 Seiten in den Originalausgaben) hat bald nach seinem Erscheinen eine große Wirkung ausgelöst und gehört noch heute zu denjenigen Büchern, an denen kein Philosoph, wie immer er sich auch zu Kant stellen mag, vorübergehen kann.

Das Kernproblem, um das es Kant hier geht, ist eine Theorie der Erfahrung, oder in seiner immer wieder vorkommenden Formulierung ausgedrückt, die Frage: „Wie sind synthetische Urteile a priori möglich?" Dabei geht der Terminus „synthetisch" auf das Verhältnis des Subjekts- zum Prädikatsbegriff in einem Urteil, und zwar heißt ein Urteil dann synthetisch, wenn sein Prädikatsbegriff nicht im Subjektsbegriff enthalten ist; es vermehrt insofern unsere Kenntnis von Gegenständen und wird daher auch „Erweiterungsurteil" genannt. (Im Gegensatz dazu ist der Prädikatsbegriff eines „analytischen" Urteils im Subjektsbegriff enthalten, so daß solche Urteile auch „Erläuterungsurteile" heißen.) Die Entgegensetzung „a priori" und „a posteriori" ist bereits (auf S. 26) gegeben worden: Aposteriorische Erkenntnis stammt aus der Erfahrung, apriorische gilt unabhängig von aller Erfahrung. Insofern tragen analytische Urteile stets apriorischen Charakter; denn in ihnen handelt es sich nur um Begriffserläuterungen. Synthetische Urteile sind angesichts der Tatsache, daß unsere Kenntnis von Gegenständen gewöhnlich durch Erfahrung erweitert wird, im allgemeinen von aposteriorischer Art. Kant nimmt nun an, daß auch synthetische Urteile a priori vorkommen und gliedert daher seine Kernfrage in folgende Teile:

a) Wie sind synthetische Urteile a priori möglich?
   1. in der reinen Mathematik: „Transzendentale Ästhetik“
   2. in der reinen Naturwissenschaft: „Transzendentale Analytik“.

b) Wie waren (angeblich) synthetische Urteile a priori möglich in der Metaphysik?: „Transzendentale Dialektik“.

Hierzu folgende Bemerkungen: Den Terminus „Ästhetik“ verwendet Kant nicht im heutigen Sinne als Lehre vom Schönen, sondern als „Wissenschaft von den Prinzipien der Sinnlichkeit“: αἴσθησις. Die transzendentale Analytik umfaßt die „Analytik der Begriffe“ und die „der Grundsätze“; dabei handelt es sich bei der Analytik der Begriffe um den Nachweis der Kategorientafel und die „Deduktion der Kategorien als reiner Verstandesbegriffe“, bei der Analytik der Grundsätze um den „Schematismus der reinen Verstandesbegriffe“ und die „Analogien der Erfahrung“ (S. 28—32). Transzendentale Analytik und Dialektik werden als „transzendentale Logik“ zusammengefaßt, und diese wird mit der transzendentalen Ästhetik als „transzendentale Elementarlehre“ der „transzendentalen Methodenlehre“ gegenübergestellt, welche als zweiter (wesentlich kürzerer) Hauptteil die positive Aufgabe des Vernunftgebrauchs hinsichtlich der Metaphysik erläutert. So ergibt sich folgende Gliederung der Kritik der reinen Vernunft:

I. Transzendentale Elementarlehre
  Erster Teil: Die transzendentale Ästhetik
  Zweiter Teil: Die transzendentale Logik
    Erste Abteilung: Die transzendentale Analytik
      Erstes Buch: Die Analytik der Begriffe
      Zweites Buch: Die Analytik der Grundsätze
    Zweite Abteilung: Die transzendentale Dialektik
II. Transzendentale Methodenlehre.

Maßgebend für Kants Gedankengang ist der alte Gegensatz des mundus sensibilis vom mundus intelligibilis, der sich ihm zur Entgegensetzung von Sinnlichkeit und Verstand umbildet. Die Sinnlichkeit arbeitet rezeptiv, der Verstand spontan. Es geht Kant um das Verhältnis dieser beiden Komponenten in der Erkenntnis des Wirklichen. War die Methode Lockes und Humes eine psychologische, so ist diejenige Kants die transzendentale (S. 29). Kant fragt nicht „quid facti?", sondern „quid iuris?", und das fragt er nicht allein für die formalen, sondern auch für die materialen Voraussetzungen jeder denkbaren Erfahrung. Diese Untersuchung wird um dessentwillen transzendentallogisch genannt, weil sie nach den unabhängig von der Erfahrung gültigen Bedingungen für jede mögliche Erfahrung sucht. Kant nennt sein Werk einen „Traktat von der Methode, nicht ein System der Wissenschaft selbst".

In der transzendentalen Ästhetik weist Kant nach, daß die Sinneswahrnehmungen nicht nur empirischen Charakter tragen, sondern daß ihnen gewisse Anschauungsformen, nämlich Raum und Zeit, eigentümlich sind, und zwar a priori, nicht erst als Produkt der Erfahrung. Die Anschauungsformen des Raumes und der Zeit sind lediglich Vorstellungen in uns, denen zwar wirkliche Dinge entsprechen, ohne daß sie jedoch selbst Eigenschaften dieser Dinge wären.

In der transzendentalen Analytik werden zunächst die Kategorien als Urteilsformen aufgestellt (s. S. 28). Nun sind „Begriffe ohne Anschauungen leer, Anschauungen ohne Begriffe blind". Daher verknüpft der Verstand das in den Anschauungsformen des Raumes und der Zeit gegebene Mannigfaltige der Sinnesempfindungen zu synthetischen Einheiten. Freilich geht der Erkenntnisgebrauch der Verstandesbegriffe nur auf Gegenstände möglicher Erfahrung, d. h. auf „Erscheinungen" als „unbestimmte Gegenstände einer empirischen Anschauung"; die Sinnlichkeit liefert keine „Dinge-an-sich", die als den Erscheinungen zugrunde liegend angenommen werden. Das ist das als „Phänomenalismus" bezeichnete Ergebnis der transzendentalen Deduktion: „Eine Wissenschaft vom Seienden als solchem gibt es nicht."

Die transzendentale Dialektik ist eine Auseinandersetzung mit den überkommenen metaphysischen Disziplinen der rationalen Psychologie, Kosmologie und Theologie. Daß sie als Wissenschaften unmöglich sind, folgt schon aus dem Ergebnis der transzendentalen Analytik, wonach zur Wirklichkeitserkenntnis apriorische und aposteriorische Elemente gehören. Die Unsterblichkeit der Seele, die Freiheit des Willens, das Dasein Gottes können auf wissenschaftlichem Wege nicht bewiesen, doch ebensowenig kann der Glaube an sie durch wissenschaftliche Einwände widerlegt werden („Ich mußte also das Wissen aufheben, um zum Glauben Platz zu bekommen"). Die Kategorien der Relation sind geneigt, einen Fortschritt zur absoluten Totalität möglich werden zu lassen, doch finden wir die Bedingungen hierfür lediglich in uns, in der Spontaneität unseres Verstandesgebrauchs. Die über den Bereich möglicher Erfahrung bis ins Unendliche erweitert gedachten Kategorien nennt Kant „Ideen". Sie „konstituieren" keine Erfahrung, sondern sind bloß von „regulativem" Gebrauche, d. h. sie dienen dem Verstande als methodisches Mittel des Gedankenfortschritts: Wir sollen alle seelischen Vorgänge so ansehen, als ob sie aus einem Prinzip, dem der absoluten Einheit der Seele, erklärbar seien. Wir sollen die Welt der Erscheinungen so ansehen, als ob sie durchgängig gesetzmäßig miteinander verknüpft seien. Alle Gegenstände des inneren und äußeren Sinnes sollen wir so ansehen, als ob sie einer ersten, ursprünglichen Ursache in Gott entstammten. — Kant schreibt am Ende der transzendentalen Elementarlehre: „So fängt denn alle menschliche Erkenntnis mit Anschauungen an, geht von da zu Begriffen und endigt mit Ideen." —

Der Kritizismus übt eine schiedsrichterliche Funktion hinsichtlich der rationalistischen und empiristischen Ansprüche aus. Dem Empirismus wird eingeräumt, daß die Erfahrung stets Anteil am wissenschaftlichen Erkennen hat; Erfahrung allein aber konstituiere noch keine Wissenschaft. Dem Rationalismus wird zugegeben, daß die Mitwirkung der Vernunft bei der Erkenntnisgewinnung unentbehrlich ist; doch führe die Überbetonung des Formalen zu einer eigentümlichen Wirklichkeitsferne. Locke habe ebenso „sensifiziert", wie Leibniz „intellektuiert" habe.

Kant steckt die Grenzen der Erkenntnis einerseits weiter, andererseits enger als Leibniz; weiter, indem er die Spontaneität des Geistes nicht auf die Formen der rationalen Erkenntnis beschränkt; enger, indem er es ablehnt, die Verstandeserkenntnis über das Reich der Erfahrung hinausgreifen zu lassen. Erkenntnis ist nach Kant:

1. Systematisierung der einzelnen Verstandesgesetze zu dem Kosmos eines einheitlichen Zusammenhanges zwischen den einzelnen Synthesen.
2. Erhebung des Begrifflichen dieses Zusammenhanges ins Selbstbewußtsein.
3. Ermöglichung der kritischen Untersuchung dieses Zusammenhanges, und zwar sowohl hinsichtlich seines Bestandes als auch hinsichtlich seines Wissens um sich selbst. —

Der Wert der kritizistischen Erkenntnistheorie beruht auf der sorgsamen Grenzziehung zwischen Erfahrung und Denken, Rezeptivität und Spontaneität, Form und Inhalt der Erkenntnis. Er beruht ferner auf dem Charakter des Transzendentalen, welches nicht nur ein methodisches Prinzip ausmacht, sondern sich auch als Sachzusammenhang offenbart: durch Verknüpfung der apriorischen Verstandesgesetze mit dem Material der Anschauung wird die objektive Geltung der Erkenntnis hinsichtlich der Gegenständlichkeit der Erscheinungen gewährleistet.

Kapitel IV

Die letzten Erkenntnisgrundlagen

Nachdem bislang die Hauptfrage der Erkenntnistheorie, nämlich die Frage nach dem Wesen der Erkenntnis, beantwortet wurde (Kap. I) und ferner unter Heranziehung charakteristischer Richtungen aus der Geschichte der Philosophie die Unterfragen nach der Möglichkeit (Kap. II), den Quellen, den Grenzen und dem Wert der Erkenntnis (Kap. III) beleuchtet wurden, muß es jetzt das Hauptanliegen sein, die letzten Erkenntnisgrundlagen in systematischer Geschlossenheit zu entwickeln. Wir bleiben uns in unserer Darstellung des Kantischen Erbes bewußt, ohne freilich auf eine Deutung im Sinne des idealistischen Neukantianismus beschränkt zu bleiben. Vielmehr scheinen uns sowohl die Bemühungen der „kritischen Realisten" (wie Külpe, Messer und Becher) sowie die in der Phänomenologie Husserls zutage getretenen Gesichtspunkte aller Berücksichtigung wert.

Eine grundsätzliche Auseinandersetzung mit den realistischen und idealistischen Denkrichtungen wird bei der Behandlung des Außenweltproblems (Kap. V, § 3) vorgenommen werden.

§ 1 Die gesicherten letzten Erkenntnisgrundlagen

Im § 1 des ersten Kapitels waren wir zu folgendem Ergebnis gelangt (S. 24 f.): „Ein logischer Urteilsgehalt ist wahr, wenn sich der Prädikatsgegenstand am Subjektsgegenstand findet." Es wird bei der Entwicklung gesicherter letzter Erkenntnisgrundlagen unsere Aufgabe sein, auf der Grundlage dieser Definition der Wahrheit die Sicherung der Erkenntnis vorzunehmen.

1. Analytische Urteile

Von einem analytischen Urteil spricht man, wenn der Prädikatsbegriff im Subjektsbegriff enthalten ist (s. S. 51). Ein solches Urteil ist eine gesicherte Erkenntnisgrundlage; denn hier findet sich der Prädikatsgegenstand unter allen Umständen am Subjektsgegenstand. Analytische Urteile sind wahr; sie stellen die erste Klasse der gesicherten letzten Erkenntnisgrundlagen dar.

Beispiel: „Ein hoher Ton ist hoch." Es ist sofort ersichtlich, daß der Prädikatsgegenstand „hoch" sich am Subjektsgegenstand „hoher Ton" findet, ja, der Prädikatsbegriff ist sogar im Subjektsbegriff enthalten, wie es die Definition des analytischen Urteils verlangt.

Das analytische Urteil führt uns nie über den Subjektsbegriff hinaus, weshalb es auch Erläuterungsurteil genannt wird. Weil die analytischen Urteile zu ihrer Sicherung weder der Wahrnehmung noch anderer Erfahrungen bedürfen, sind sie nichtempirisch oder apriorisch. Sie tragen somit nach Kant den Charakter der Allgemeingültigkeit und Notwendigkeit, sie sind apodiktisch wahr.

2. Schlichte Wahrnehmungsurteile

Analytische Urteile erweitern unsere Kenntnis von Gegenständen nicht. Sowohl zur Lebensführung wie zum Aufbau der Realwissenschaften (Natur- und Geisteswissenschaften) muß daher nach Urteilen ausgeschaut werden, welche man füglich „Erweiterungsurteile" nennen kann. Solche Urteile heißen auch synthetisch (s. S. 51).

Für alle Realerkenntnis kann die Wichtigkeit der Erfahrung nicht bestritten werden. Die einfachste Erfahrung ist die Wahrnehmung. Wenn Wahrnehmung Erkenntnis sichern soll, muß nachgewiesen werden, daß der Prädikatsgegenstand sich am Subjektsgegenstand findet.

Nun kann ich durch bloße Wahrnehmung lediglich feststellen, was mir gegenwärtig gegeben ist; nur meine gegenwärtigen Bewußtseinsinhalte als das unmittelbar Gegebene können im eigentlichen Sinne wahrgenommen werden. Demgegenüber sind die Bewußtseinsinhalte anderer Personen meinem Bewußtsein transzendent; desgleichen die sogenannte „Außenwelt", die nach der Auffassung der Naturwissenschaften „hinter" meinen Wahrnehmungen steht und diese erst hervorruft.

Man nennt solche Urteile, deren Prädikatsgegenstände sich mit und an den Subjektsgegenständen in meinem Bewußtsein finden, „schlichte Wahrnehmungsurteile". Diese sind stets Realurteile, da wir nur Daseiendes wahrnehmen können. Die schlichten Wahrnehmungsurteile sind die zweite Klasse der gesicherten letzten Erkenntnisgrundlagen.

Beispiel: Ich habe gegenwärtig eine Geschmacksempfindung und prädiziere sie als angenehm. Damit ist das schlichte Wahrnehmungsurteil „Diese meine Geschmacksempfindung ist angenehm" gesichert; denn ich stelle fest, daß sich der Prädikatsgegenstand „angenehm" am Subjektsgegenstand „diese meine Empfindung" findet.

Die schlichten Wahrnehmungsurteile sind nicht apriorisch, denn sonst bedürften sie nicht der Sicherung durch Erfahrung. Im besonderen erkennt man an unserem Beispiel auch sofort, daß schlichte Wahrnehmungsurteile nicht analytisch sind: der Prädikatsbegriff „angenehm" ist nicht im Subjektsbegriff „diese meine Geschmacksempfindung" enthalten, und es bedarf eben erst der Wahrnehmung, um festzustellen, daß der Prädikatsgegenstand sich am Subjektsgegenstand findet.

Die schlichten Wahrnehmungsurteile erweitern unsere Kenntnis von Gegenständen, sie sind synthetisch. Aus der Möglichkeit der schlichten Wahrnehmungsurteile erhellt, daß es gesicherte Realerkenntnis gibt. Damit sind der radikale Skeptizismus und der erkenntnistheoretische Nihilismus widerlegt.

Mit den schlichten Wahrnehmungsurteilen kommt man nicht über das eigene gegenwärtige Bewußtsein hinaus. In der Logik wird gezeigt, daß auch durch bloßes Schließen keine neuen Gegenstandsgebiete eröffnet werden können, die außerhalb des Gegenstandsbereichs der Schlußgrundlagen liegen. Deshalb kann man die Kenntnis von Gegenständen nicht dadurch erweitern, daß man schlichte Wahrnehmungsurteile als Vordersätze schließender Beweise verwendet.

Wollte man sich auf subjektiv gegenwärtige Bewußtseinsinhalte beschränken, so käme man weder im praktischen Leben voran (denn hier braucht man Vorausschau auf Zukünftiges), noch könnte man Wissenschaften aufbauen. Das gilt nicht nur von den Realwissenschaften, sondern auch von den Idealwissenschaften (z. B. Mathematik), deren Gegenstände gar kein Dasein, sondern nur Sosein aufweisen und daher von schlichten Wahrnehmungsurteilen überhaupt nicht getroffen werden.

3. Synthetische Idealurteile

Soseinswahrnehmung oder Wesensschau (Husserl) ist eine Wahrnehmung, welche unter Absehen vom Dasein eines Gegenstandes nur sein Sosein erfaßt (hinsichtlich der Begriffe „Dasein" und „Sosein" vgl. S. 23). Mit der Soseinswahrnehmung ergreife ich ein Idealobjekt, welches sich an oder in einem daseienden Bewußtseinsgegenstand findet.

Beispiele: Sehe ich bei einer Tonempfindung von ihrem Dasein ab, so bringe ich mir ihr Sosein zum Bewußtsein. Ja, selbst von gewissen Zügen ihres Soseins, etwa der Tonstärke und Klangfarbe, kann ich absehen, so daß mein Sosein nur noch „Tonhöhe" darstellt. — Nachdem ich zwei schwarze Punkte auf weißem Grunde wahrgenommen habe, kann ich von ihrem Dasein absehen, ja sogar von Farbe und Form der Punkte, der Unterlage usw. und gelange so zur Soseinswahrnehmung des Idealobjektes „zwei". Diese Zahl haftet nicht mehr an dem voraufgegangenen Bewußtseinsvorgang; deshalb ist in der Arithmetik auch nicht von irgendeinem Bewußtsein die Rede.

Man kann durch an Bewußtseinsobjekten ausgeübte Soseinswahrnehmungen Idealobjekte erfassen, zu deren Sosein die Beziehung zu einem Bewußtsein nicht gehört.

Synthetische Idealurteile werden als Erkenntnisgrundlagen der Idealwissenschaften benötigt. Ein gutes Beispiel hierfür stellen die mathematischen Axiome dar. Zum Beispiel trägt das Vertauschungsgesetz der Addition

$$a + b = b + a$$

synthetischen Charakter; denn im Subjektsbegriff „Größe der Summe zweier Zahlen" ist der Prädikatsbegriff „unabhängig von der Reihenfolge der Summanden" nicht enthalten.

Die Frage ist, ob die Soseinswahrnehmung synthetische Idealurteile ebenso sicherstellen kann, wie die schlichte Wahrnehmung es mit den synthetischen Realurteilen tut.

Wenn ich ein „Süß" als „angenehm" empfinde, so

weiß ich damit noch nicht, ob das Süß nicht nur in diesem realen Dasein, sondern auch als ideales Sosein angenehm ist. Es kann meine Feststellung auch subjektiv an mir oder an gewissen anderen Umständen liegen. Ob das Sosein „angenehm" dem Sosein „dieses Süß" zukommt, muß offen bleiben. Nur wenn ich feststellen könnte, daß das Sosein „angenehm" dem Sosein „dieses Süß" gewissermaßen eingewurzelt ist, so daß das beiderseitige Aneinanderhaften notwendig ist, dann allein wäre das Idealurteil „Dieses Süß ist angenehm" gesichert. Offenbar kann Soseinswahrnehmung jedoch dieses synthetische Idealurteil nicht sicherstellen.

Als Gegenbeispiel betrachten wir das zusammengesetzte Sosein „Schwarz und Weiß". Es hat die Züge „Schwarz", „Weiß" und ihr Zusammen, welches sich in dem Worte „und" ausdrückt. So werden die beiden Gegenstände zu einem zusammengesetzten. Hinsichtlich des Daseins sichere ich durch schlichte Wahrnehmung das Realurteil „Dieses Schwarz und dieses Weiß sind verschieden". Geht man von hier zur Soseinswahrnehmung über, so stellt man fest, daß zu den Soseinszügen „dieses Schwarz" und „dieses Weiß" der Soseinszug „verschieden" hinzukommt und daß er nicht am bloßen Dasein haftet; der Zug „verschieden" ist notwendig an das Soseinsobjekt „dieses Schwarz und dieses Weiß" geknüpft. Damit ist durch Soseinswahrnehmung das Idealurteil „Dieses Schwarz und dieses Weiß sind verschieden" gesichert. Es ist aber nicht analytisch, denn der Prädikatsbegriff ist nicht im Subjektsbegriff enthalten.

Wenn man also zwischen in der Wahrnehmung

gegenwärtigen Soseinsobjekten Beziehungen feststellt, welche notwendig durch die Soseinsobjekte gesetzt werden, kann man durch Soseinswahrnehmung synthetische Idealurteile sicherstellen. Diese bilden eine dritte Klasse gesicherter letzter Erkenntnisgrundlagen.

Zusatz: Zunächst ist nur das Soseinsurteil „Dieses Schwarz und dieses Weiß sind verschieden" gesichert. Aber ebenso wie bei mathematischen Axiomen von allgemeinen Gegenständen die Rede ist, kann man auch z. B. hinsichtlich des Schwarz und Weiß die Qualität schlechthin erfassen, indem man von allen (empirisch zwangsläufig vorhandenen) Besonderungen absieht, diese „einklammert", wie Husserl sagt. Es verhält sich hiermit genauso wie in der Mathematik, wo man auch etwa vom Dreieck schlechthin spricht, obschon jedes vorgestellte Dreieck notwendig ein besonderes (spitz-, recht- oder stumpfwinkliges) ist; aber wenn es sich nicht gerade um Eigenschaften handelt, welche lediglich z. B. dem rechtwinkligen Dreieck zukommen, sieht man von allen Soseinszügen ab, die nur für ein spezielles Dreieck gelten.

Bei der dritten Klasse von gesicherten letzten Erkenntnisgrundlagen kann es sich also auch um synthetische Idealurteile handeln, welche Beziehungen zwischen allgemeinen Soseinsobjekten feststellen. Auf solche Weise werden nicht nur die mathematischen Axiome in die gesicherten letzten Erkenntnisgrundlagen eingeschlossen, sondern die Grundlagen der Idealwissenschaften überhaupt (formale Logik!) und, was vielleicht am wichtigsten ist, die Geltung solcher Realurteile, welche mit gesicherten Idealurteilen in Korrelation stehen; denn was einem Sosein angehört, gehört ihm auch als daseiendem Sosein an. Hierauf beruht insbesondere die Anwendbarkeit der Mathematik auf die Realwissenschaften.

Jedoch nicht nur Beziehungen, sondern auch Gestalten, die an zusammengesetzten Soseinsobjekten festgestellt werden, sichern synthetische Idealurteile. Das ist von Wichtigkeit für die Geometrie.

Zusammenfassend kann somit gesagt werden: Die dritte Klasse von gesicherten letzten Erkenntnisgrundlagen wird von durch Soseinswahrnehmung gesicherten synthetischen Idealurteilen gebildet, die an zusammengesetzten Soseinsobjekten Beziehungen oder Gestalten feststellen, welche von diesen Soseinsobjekten notwendig gesetzt werden.

Im § 1 des ersten Kapitels ist dargelegt worden, daß die Erkenntnissicherung durch Wahrheitskriterien erfolgt. Bei der ersten Klasse der analytischen Urteile ist die unmitelbare Denknotwendigkeit das Wahrheitskriterium. Bei der zweiten und dritten Klasse handelt es sich um unmittelbare Evidenz; denn in diesen Klassen erfaßt die schlichte bzw. die Soseinswahrnehmung den Prädikatsgegenstand am Subjektsgegenstand. Speziell bei der dritten Klasse liegt unmittelbare Evidenznotwendigkeit vor: daß Schwarz und Weiß verschieden sind, ist von unmittelbar evidenter Notwendigkeit. Man muß diese objektive Evidenz streng von subjektiver Scheinevidenz trennen, die etwa durch ein Überzeugungsbewußtsein oder Sicherheitsgefühl hervorgerufen wird. Solches subjektive „Einleuchten" darf nicht der Denknotwendigkeit gleichgesetzt werden, die der objektiven Evidenz innewohnt.

§ 2 Die nicht-sicherbaren letzten Erkenntnisgrundlagen

Da, wie wir soeben gesehen haben, Idealerkenntnis stets sicherbar ist, kann es sich nur noch darum handeln, die Realerkenntnis zu erweitern. Das ist notwendig, um zur Erkenntnis des vergangenen und zukünftigen Wirklichen zu gelangen, zum Seelenleben unserer Mitmenschen und zur realen Außenwelt außerhalb unseres Bewußtseins.

1. Die Voraussetzung des Erinnerungsvertrauens

Die schlichten Wahrnehmungsurteile erstrecken sich rein zeitlich nur auf die Gegenwart. Wie erfassen wir eigene vergangene Bewußtseinsinhalte? Wir erkennen sie nur durch Erinnerung. Auch eventuelle Notizen setzen meine Erinnerung voraus: Ich muß mich „erinnern", daß ich mir früher solche Notizen gemacht habe, daß es sich um meine Schrift handelt, usw. Ohne Erinnerung wüßten wir nichts von der Vergangenheit. Mit der Erinnerung meinen wir Bewußtseinsinhalte, durch die wir Vergangenes, das einst in unserem Bewußtsein war, zu erfassen glauben.

Zunächst ist darzutun, daß Erinnerung nicht zu den gesicherten letzten Erkenntnisgrundlagen gehört. Es ist demgemäß zu zeigen, daß Erinnerung weder unmittelbar denknotwendig (erste Klasse) noch unmittelbar evident (zweite und dritte Klasse) ist.

Erinnerung ist sicher nicht analytisch. Das wird durch jedes beliebige Beispiel deutlich, etwa: „Der gestrige Tag war kalt." Der Prädikatsbegriff „kalt" ist im Subjektsbegriff „der gestrige Tag" nicht enthalten.

Erinnerung ist auch nicht unmittelbar evident, denn dann müßten die Prädikatsgegenstände am Subjektsgegenstand wahrnehmbar sein. Wahrnehmbar ist aber nur Gegenwärtiges. Vergangenes, Nicht-Gegenwärtiges ist nicht wahrnehmbar und kann daher auch nicht mit unmittelbarer Evidenz erfaßt werden.

Wenn die Erinnerung, obschon sie keine gesicherte letzte Erkenntnisgrundlage darstellt, dennoch wahre Erkenntnis über Vergangenes liefern soll, muß ich der Erinnerung das Vertrauen entgegenbringen, daß sie mir vergangene Bewußtseinsinhalte richtig wiederzugeben vermag: „Voraussetzung des Erinnerungsvertrauens". Ohne diese Voraussetzung kann mein Erkennen überhaupt nicht an vergangene Gegenstände herankommen.

Aber wird auf solche Weise die Voraussetzung des Erinnerungsvertrauens nicht doch zu einem analytischen Urteil und damit zu einer gesicherten letzten Erkenntnisgrundlage? Im Begriff der Erinnerung liege doch, daß sie uns Vergangenes richtig wiedergebe, und darum sei das Urteil, daß sie das tue, analytisch. Aber wenn man in die Definition der Erinnerung hineinlegt, daß sie uns Vergangenes richtig wiedergibt, muß die Frage aufgeworfen werden, ob es solche Bewußtseinsinhalte überhaupt gibt. Daß gewisse tatsächlich vorkommende Bewußtseinsinhalte, in denen wir Vergangenes zu erfassen glauben und die wir daher als Erinnerungen bezeichnen, uns diese vergangenen Gegenstände meist richtig wiedergeben, ist ein synthetisches Urteil; es ist die unentbehrliche Voraussetzung des Erinnerungsvertrauens.

Auch mittelbares Schließen kann diese Voraussetzung nicht erhärten. Denn jeder Beweis, der Vergangenes betrifft, benötigt Vordersätze, die bereits von Vergangenem sprechen, also jene Voraussetzung ihrerseits voraussetzen, so daß ein circulus vitiosus vorliegt.

Das Erinnerungsvertrauen können wir also weder unmittelbar noch durch Beweis sichern. Wir wissen, daß es uns zuweilen täuscht; ob es uns nicht immer oder meistens täuscht, können wir nicht mit Sicherheit wissen. Aber das Erinnerungsvertrauen ist unentbehrlich für die Realerkenntnis. Wir stoßen somit auf eine *erste nicht-sicherbare letzte Erkenntnisgrundlage*. Rechtfertigen kann man sie nur durch den Hinweis darauf, daß sie nach aller Erfahrung im großen und ganzen zutrifft.

Durch die Voraussetzung des Erinnerungsvertrauens wird dem Realerkennen die *Vergangenheit des eigenen Bewußtseins* zugänglich.

2. Die Regelmäßigkeitsvoraussetzung

Es genügt nicht, das Erkennen auf Vergangenheit und Gegenwart zu erstrecken. Schon um im Leben durchzukommen, braucht man Vorausschau auf Zukünftiges, und auch die Wissenschaften gehen auf die Zukunft, betreffen das Seelenleben der Mirgeschöpfe und eine bewußtseinsunabhängige reale Außenwelt.

Unter der *Regelmäßigkeitsvoraussetzung* versteht man die nicht-sicherbare Annahme, daß das Wirkliche überall und allezeit Regelmäßigkeit aufweist.

Regelmäßigkeiten finde ich bereits in meinem auf Vergangenheit und Gegenwart eingestellten Bewußtsein. Beispiel: Die Folge von Tag und Nacht oder der Jahreszeiten. Wenn eine Regel für Vergangenheit und Gegenwart gilt, kann ich erwarten, daß sie auch für die Zukunft in Kraft bleiben wird. Insofern ist die Regelmäßigkeitsvoraussetzung für die Erkenntnis der Zukunft erforderlich.

Aber selbst für die Vergangenheit kann die Regelmäßigkeitsvoraussetzung dienlich sein, etwa zur Stützung von Bewußtseinsinhalten, auf welche die Erinnerung sich nicht mehr erstreckt, z. B. wenn ich behaupte, daß ich in meinem dritten Lebensjahr den Winter erlebt habe.

Ferner bedarf man der Regelmäßigkeitsvoraussetzung für die Erkenntnis von Fremdseelischem. Wenn ich etwa vom Sprechen eines Mitmenschen auf gewisse Gedanken oder von seinem Lachen auf Empfindungen schließe, so tue ich das unter der Annahme, daß bei diesem Mitmenschen wie bei mir selbst ein regelmäßiger Zusammenhang zwischen dem Sprechen und dem Gedanken, zwischen dem Lachen und einem Gefühl besteht.

Und schließlich lassen sich die zahllosen Sinneswahrnehmungen, die mein Bewußtsein erreichen, nur dann ordnen, wenn ich sie als regelmäßige Folgen gewisser Außenweltvorgänge ansehe. So bedarf die Annahme einer außerhalb meines Bewußtseins bestehenden realen Außenwelt der Regelmäßigkeitsvoraussetzung. Auch das Kausalitätsprinzip und die Induktionsschlüsse bedürfen, wie noch zu zeigen sein wird, der Voraussetzung der Regelmäßigkeit des Wirklichen.

Wie steht es nun mit der Geltung der Regelmäßigkeitsvoraussetzung? Die Aussage: „Das gesamte Wirkliche ist regelmäßig" ist bestimmt kein analytisches Urteil; denn der Prädikatsbegriff

„regelmäßig" ist nicht im Subjektsbegriff „das gesamte Wirkliche" enthalten. Da man ferner das gesamte vergangene, gegenwärtige und zukünftige Wirkliche weder unmittelbar wahrnehmen, noch durch Wahrnehmung feststellen kann, daß es notwendig regelmäßig ist, kann die Regelmäßigkeitsvoraussetzung auch nicht durch unmittelbare Evidenz gesichert werden.

Auch ein mittelbarer Beweis ist nicht zu erbringen; denn es gibt im Bereich des Wirklichen auch Unregelmäßigkeiten. Wie wollte man beweisen, daß die Gesamtwirklichkeit immer und überall Regelmäßigkeit aufweist?

Somit ist die Regelmäßigkeitsvoraussetzung eine zweite nicht-sicherbare letzte Erkenntnisgrundlage. Sie ist für das praktische Leben wie die Realerkenntnis gleichermaßen unentbehrlich.

3. Die Gesetzmäßigkeitsvoraussetzung

Die Gesetzmäßigkeitsvoraussetzung ist die straffere Form der etwas unbestimmten Regelmäßigkeitsvoraussetzung und besagt, daß alles Wirkliche ausnahmslos gültigen Gesetzen untersteht.

Die Gesetzmäßigkeitsvoraussetzung kann noch weniger gesichert werden als die Regelmäßigkeitsvoraussetzung. Zunächst ist sie sicher nicht analytisch. Ferner kann man nicht durch Wahrnehmung feststellen, daß das Wirkliche notwendig gesetzmäßig sein muß, so daß auch die Sicherung durch unmittelbare Evidenz ausscheidet. Und mittelbar beweisen läßt sich die Gesetzmäßigkeitsvoraussetzung ebensowenig wie die Voraussetzung der Regelmäßigkeit.

Man kann nur sagen, daß die Ergebnisse der Realwissenschaften, etwa der Astronomie, die Gesetzmäßigkeitsvoraussetzung nahelegen.

Die Gesetzmäßigkeitsvoraussetzung ist an sich entbehrlicher als die Regelmäßigkeitsvoraussetzung. Für das praktische Leben ohnehin, und auch in den Realwissenschaften muß man sich vielfach mit der Regelmäßigkeit begnügen.

Andererseits muß bedacht werden, daß Schlüsse, welche sich auf die Regelmäßigkeitsvoraussetzung gründen, nur soweit gelten, als die Regelmäßigkeit reicht. Schranken der Regelmäßigkeit sind zugleich Schranken der Wirklichkeitserkenntnis. Die absolute und unbeschränkte Regelmäßigkeit, also die Gesetzmäßigkeit, ist unentbehrliches Postulat, wenn man die restlose Erkenntnis des Wirklichen als Ziel vor Augen hat. Die Möglichkeit einer solchen steht keineswegs fest. Dennoch hat sie Berechtigung, weil sie dem wissenschaftlichen Streben förderlich ist.

Kapitel V

Die zurückführbaren Erkenntnisgrundlagen

Außer den letzten Erkenntnisgrundlagen, die, wie gezeigt, gesicherte oder nicht-sicherbare sind, benötigt man in den Realwissenschaften auch solche Grundlagen der Erkenntnis, die sich auf die erstgenannten zurückführen lassen. Diese heißen zurückführbare Erkenntnisgrundlagen.

§ 1 Das Kausalitätsprinzip

Allenthalben gewahrt man in der Realität Veränderungen und beobachtet dabei Gesetzmäßigkeiten. Die wichtigste Form solcher Gesetzmäßigkeit ist das Ursache-Wirkung-Verhältnis (causa: Kausalität). Kausalität ist gesetzmäßige unmittelbare Aufeinanderfolge. Es kommt also erstens auf einen zeitlichen Anschluß an und zweitens darauf, daß dieser gesetzmäßig erfolgt. Wenn etwa zufolge eines Stromschlusses eine Glühlampe aufleuchtet, so ist das Leuchten die Wirkung, welche durch den Stromschluß verursacht ist. Hier herrscht Kausalität. Keine Kausalität liegt jedoch vor, wenn im Augenblick des Stromschlusses zufällig ein Stuhl umfällt.

Mitunter folgt eine „Wirkung" der „Ursache" erst nach längerer Zeit (Tod als Folge eines Unfalls). Dann handelt es sich um eine mittelbare Wirkung. Eine solche läßt sich jedoch stets aus einer Kette unmittelbarer Wirkungen zusammensetzen. Es ist zweckmäßig, von Kausalität nur bei unmittelbarer zeitlicher Aufeinanderfolge zu sprechen.

Andererseits bleibt zu bedenken, ob der unmittelbare zeitliche Anschluß nicht im Grunde auf Gleichzeitigkeit hinausläuft, wodurch die Aufeinanderfolge ausgeschlossen wäre. Dem ist zu entgegnen, daß Ursache und Wirkung entstehende Realitäten sind, die zu diesem ihren Entstehen Zeit brauchen. Das Entstehen der Ursache beginnt vor der Wirkung, insofern geht die Ursache voran. Wenn aber die Ursache sozusagen fertig ist, dann setzt sogleich die Wirkung ein. Freilich kann die Ursache dann noch neben der Wirkung andauern, wie es etwa in dem obigen Beispiel von der Glühlampe der Fall ist. Wenn dagegen das Umfallen eines Stuhls als Wirkung einer Handbewegung angesehen wird, ist die Ursache bei Eintreten der Wirkung im allgemeinen beendet.

Eine Kennzeichnung der Kausalität findet sich bereits in der Metaphysik des Aristoteles: „Alles, was entsteht, entsteht durch etwas, aus etwas und als ein gewisses Etwas." Und Kant sagt in der ersten Auflage seiner Kritik der reinen Vernunft: „Alles, was geschieht (anhebt zu sein), setzt etwas voraus, worauf es nach einer Regel folgt."

Erich Becher definiert (*Geisteswissenschaften und Naturwissenschaften*, München und Leipzig 1921, S. 254): „Kausalität ist ein Zusammenhang zwischen zwei entstandenen Realobjekten (realen Vorgängen, Zuständen, Situationen usw.), bei dem eine Entstehungsperiode des einen Realen (der Ursache) dem Auftreten des anderen Realen (der Wirkung) vorangeht, jedoch das im Entstehen vorangehende Reale als Fertiges das andere sofort gesetzmäßig mit sich bringt. Ursache ist ein entstandenes Reales, das als Fertiges ein anderes Reales (die Wirkung) sofort gesetzmäßig mit sich bringt, diesem aber im Entstehen vorangeht. Wirkung ist ein entstandenes Reales, das mit dem Fertigsein eines anderen Realen sofort gesetzmäßig auftritt, während das Entstehen dieses anderen Realen vor ihm beginnt."

Außer der gewöhnlich ins Auge gefaßten physikalischen (anorganischen) Kausalität gibt es auch eine organische, ja eine psychische Kausalität. Inwiefern es sinnvoll ist, auch in der geistigen Welt, z. B. in der Geschichte, von „Kausalität" zu reden, bleibe dahingestellt.

Allgemeiner Ausdruck der Kausalität ist das Kausalitätsprinzip: „Jedes entstandene Wirkliche hat eine Ursache und ist insofern selbst eine Wirkung." In dem Begriff der Ursache ist dabei das Merkmal der Gesetzmäßigkeit eingeschlossen.

Was ist zur Sicherung des Kausalitätsprinzips zu sagen? Es ist sicher nicht analytisch, denn im Begriff des entstandenen Wirklichen liegt nicht eingeschlossen, daß dieses eine Ursache hat. Ebensowenig ist das Kausalitätsprinzip ein schlichtes Wahrnehmungsurteil, und schließlich kann es auch nicht durch unmittelbare Evidenz in seiner Notwendigkeit gesichert werden. Insofern ist das Kausalitätsprinzip keine gesicherte letzte Erkenntnisgrundlage.

Das Kausalitätsprinzip entspringt aus der Gesetzmäßigkeitsvoraussetzung und darf insofern eine zurückführbare Erkenntnisgrundlage genannt werden.

In seiner strengsten Form kann man das Kausalitätsprinzip als Kausalgesetz bezeichnen. Diese Rolle spielt es vornehmlich in der anorganischen Naturwissenschaft. Das Kausalgesetz bedarf zu seiner Rechtfertigung auch mathematischer Überlegungen, welche die Wahrscheinlichkeitsrechnung betreffen, und einer Theorie der Induktion.

Weiterführende Literatur: N. Hartmann, *Zur Frage der Beweisbarkeit des Kausalgesetzes*, Kant-Studien, Bd. 24 (1920), S. 261—290. — E. Wentscher, *Geschichte des Kausalproblems in der neueren Philosophie*, Leipzig 1921. — J. Hessen, *Das Kausalprinzip*, Augsburg 1928. — J. Geyser, *Das Gesetz der Ursache. Untersuchungen zur Begründung des allgemeinen Kausalgesetzes*, München 1933. — Heft 6 (Oktober 1948) des 1. Jahrgangs der Zeitschrift *Studium generale*.

§ 2 Kausalgesetz und Theorie der Induktion

Der Deduktionsschluß ist herkömmlich der vom Allgemeinen aufs Besondere. Man nennt ihn auch Syllogismus. Seine Theorie ist in klassischer Form von Aristoteles in seinem „Organon" entwickelt worden. Man würde heute etwa definieren (Stumpf): Ein Schluß heißt deduktiv, wenn er die Unterordnung eines einzelnen Tatbestandes oder eines speziellen Gesetzes unter ein bereits erkanntes allgemeines Gesetz bewirkt.

Demgegenüber ist der Induktionsschluß der vom Besonderen aufs Allgemeine. Dabei ist fortan die einfache (unvollständige) Induktion gemeint. Ausgeschlossen sei im folgenden die Induktion durch vollständige Aufzählung aller (notwendig endlich vieler) Einzelfälle sowie die sogenannte „vollständige Induktion" der Mathematiker (Schluß von *n* auf *n* + *1*, Beweisverfahren der Arithmetik), über deren Bündigkeit kein Zweifel bestehen kann.

Der Kern des Induktionsproblems ist, wie man von Tatsachen auf Gesetze schließen kann (Stumpf).

Hume hat eine strenge Naturkausalität überhaupt in Frage gestellt: Wir stellen aus einer wahrgenommenen Regelmäßigkeit eine Vermutung für die Zukunft auf. Diese Erwartung ist nicht logisch, sondern nur psychologisch zu begründen. Damit fällt der Begriff des Gesetzes und der Notwendigkeit.

Kant hat den Begriff der Notwendigkeit für die Naturerkenntnis zurückgefordert. Doch lassen sich gegen die Beweismittel seines apriorischen Denkgefüges Einwände erheben.

Eine wissenschaftlich zureichende Begründung der Induktion kann nur mit Hilfe der Wahrscheinlichkeitsrechnung gegeben werden. Hier sind die Arbeiten folgender Männer als grundlegend anzusehen: Jakob Bernoulli (1654—1705; *Ars coniectandi*, Basel 1713), Thomas

Bayes († 1763; Philosophical Transactions, Bd. 53, 1763; Bd. 54, 1764), Pierre Simon de Laplace (1749—1827; *Essai philosophique sur les probabilités*, Paris 1814, 4. Aufl., Paris 1819) und Siméon Denis Poisson (1781—1840; *Recherches sur la probabilité des jugements*, Paris 1837). Die philosophische Auswertung dieser Theorien erfolgte vornehmlich durch J. St. Mill (1843), Brentano (in Vorlesungen seit 1868) und Christoph Sigwart (1830—1904; *Logik*, Tübingen 1873/78 u. ö.). Die Wahrscheinlichkeitsüberlegungen führen zu einer Hypothesenbewertung; hierüber ist sich bereits Sigwart klar.

Der Bernoullische Satz fußt auf dem Gesetz der großen Zahlen (Poisson) und lehrt z. B., aus einer gegebenen Mischung schwarzer und weißer Kugeln in einer Urne die Wahrscheinlichkeit der Verteilung der zu beobachtenden Schwarz- und Weißzüge abzuleiten. Der Bayes'sche Satz (Regel der Hypothesenbewertung) schließt umgekehrt aus beobachteten Schwarz- und Weißzügen mit Wahrscheinlichkeit rückwärts auf die gegebene Mischung in der Urne. Sowohl der Bernoullische wie der Bayes'sche Satz ergeben sich lediglich aus dem Begriff der mathematischen Wahrscheinlichkeit (Zahl der günstigen Fälle dividiert durch die Zahl der möglichen Fälle) ohne Zuhilfenahme der Erfahrung, gelten also a priori. Insofern lassen sich auch über die Induktion apriorische Aussagen machen. Man kann also sagen, daß die Wahrscheinlichkeit apriorisch direkt bestimmt, aposteriorisch aus Tatbeständen statistisch erschlossen wird.

Bernoulli hat u. a. auf den aposteriorischen Charakter der Ableitung der Wahrscheinlichkeit aus den relativen Häufigkeiten hingewiesen. Was heißt das aber, wenn sich z. B. ergeben hat, daß ein Ereignis unter tausend Fällen etwa fünfhundertmal wirklich eingetreten ist? Man kann doch nur sagen, wenn man nicht überhaupt auf eine Gesetzlichkeit verzichten will, daß die apriorische (mathematische) Wahrscheinlichkeit ½ in diesem Falle die wahrscheinlichste ist, und zwar deswegen, weil sie unter allen möglichen Hypothesen den größten Erklärungswert hat. Jede aposteriorische Auffassung der Wahrscheinlichkeitsrechnung führt zu einem unvermeidlichen Zirkel in der Begründung der Theorie der Induktion; denn das Prinzip der Induktion kann seinerseits nicht wieder durch Induktion bewiesen werden. Die rein mathematischen Wahrscheinlichkeitsgesetze stehen „vor" den Tatsachen, auf die sie sich anwenden lassen, obschon wir nicht a priori wissen können, daß die Wirklichkeit die Anwendung mathematischer Gesetze gestattet. Die Wahrscheinlichkeitsrechnung ist ein untaugliches Objekt für die Bestrebungen mancher Naturforscher, dem Apriorismus Einhalt zu gebieten.

Mit Hilfe der durch die Wahrscheinlichkeitsrechnung legalisierten Theorie der Induktion kann das Kausalgesetz auf folgende Schlußform gebracht werden (Stumpf):

1. Es möge eine Anzahl von Tatsachen in gewisser Beziehung auffällig übereinstimmen.
2. Diese Übereinstimmung habe eine gewisse Wahrscheinlichkeit *p*.
3. Dann beträgt die Wahrscheinlichkeit *1—p*, daß die Übereinstimmung keine zufällige, sondern Folge eines Gesetzes oder einer gemeinschaftlichen Ursache ist.

Insofern kann man mit Brentano das Kausalgesetz das „Gesetz des ausgeschlossenen Zufalls" nennen. Freilich wird, genau genommen, kein Gesetz, sondern nur die Wahrscheinlichkeit eines Gesetzes bewiesen, und zwar irgendeines, nicht eines bestimmten Gesetzes. Insofern liegt kein kategorischer, sondern nur ein kategorisch-hypothetischer Schluß vor, welchen man auf die Form bringen kann:

A ist. — Wenn *A* ist, so ist *B*. — *B* ist.

So urteilt bereits Poisson, welcher den Gedanken der Naturnotwendigkeit gegen Hume verteidigt.

J. St. Mill gibt 1843 in seinem *System der deduktiven und induktiven Logik* (dtsch. v. J. Schiel, Braunschweig 1849 u. ö.) vier Methoden der Induktion an, welche hier aufgeführt werden mögen, da sie von den Naturforschern auch heute noch weitgehend benutzt werden:

a) Methode der Übereinstimmung (method of agreement): „Wenn alle beobachteten Fälle einer Naturerscheinung nur einen einzigen Umstand gemeinsam haben, so ist dieser Umstand, in dem allein alle Fälle übereinstimmen, der betreffenden Erscheinung wesentlich, und zwar entweder Ursache oder Wirkung derselben."

b) Methode der Unterscheidung (method of difference): „Wenn ein Fall, in dem die zu erforschende Naturerscheinung eintritt, und ein Fall, in dem sie nicht eintritt, alle Umstände gemeinsam haben mit Ausnahme eines einzigen, der nur im ersten Falle vorkommt, so ist dieser Umstand, wodurch allein die beiden Fälle unterschieden sind, der betreffenden Naturerscheinung wesentlich."

c) Methode der Reste (method of residues): „Wenn man von einem Teile einer Erscheinung durch schon gemachte Induktion weiß, daß er Wirkung eines bestimmten Umstandes ist, so schließt man, daß der übrige Teil (der Rückstand oder Rest) der Erscheinung durch die restierenden Umstände bedingt ist.

d) Methode der sich begleitenden Veränderungen (method of concomitant variations): „Wenn eine Erscheinung sich verändert, sooft eine andere sich in einer eigentümlichen Weise verändert, so ist sie entweder Ursache oder Wirkung der anderen, oder sie ist durch irgendeinen Kausalnexus damit verknüpft."

Das Wesentliche für die Geltung des Kausalgesetzes liegt, wie bereits (S. 71) dargelegt, nicht in der Aufeinanderfolge vielfacher Einzelfälle, sondern in der Gesetzmäßigkeit und Notwendigkeit dieses Vorgangs. Den inneren Nexus beobachten wir niemals in der Natur. Wir bedürfen aber auch prinzipiell keiner vielfachen Wiederholungen, wie aus jeder experimentellen Ableitung etwa eines physikalischen Gesetzes hervorgeht. Denn die Wiederholungen erfolgen hier unter veränderten Bedingungen, und des Kausalzusammenhanges versichert man sich jeweils in einem einzigen konkreten Falle.

Wir können nunmehr sagen: Ein Schluß heißt induktiv, wenn aus gegebenen Tatsachen unter direkter oder indirekter Anwendung der Wahrscheinlichkeitsgesetze ein Gesetz oder neue Tatsachen erschlossen werden.

Hume, so darf abschließend geurteilt werden, verkennt die Rolle der Mathematik für Wahrscheinlichkeitsbetrachtungen, wenn er das Zutrauen zu einer künftigen Wiederkehr beobachteter Tatsachen auf Gewöhnung, Assoziation und somit einen psychologischen Vorstellungsmechanismus gründet. Humes Verdienst ist es, daß er die Kausalität überhaupt zum Problem erhoben hat.

Kant hat den Begriff des Gesetzes im strengen Sinne wiedereingeführt und die Mitwirkung apriorischer Gesetzmäßigkeiten bei der wissenschaftlichen Erfahrung betont. Hierin sah er richtig, doch hat er den Apriorismus der Naturgesetzlichkeit überspannt: Naturgesetze sind fast stets „Hypothesen" wechselnder Wahrscheinlichkeit. —

Die Induktion stellt einen Hauptpunkt der Entgegensetzung von Empirismus und Rationalismus in der Erkenntnistheorie dar. Wie der radikale Empirismus, also ein solcher ohne Anteil reiner Vernunfterkenntnis, nicht einmal das Wesen der Empirie selbst begreifen kann, muß er auch der Induktion apriorische Grundlagen einräumen. Diese betreffen erstens den Begriff der Naturnotwendigkeit nach Analogie der logischen Notwendigkeit, zweitens den apriorischen Charakter der Wahrscheinlichkeitslehre wie jeder mathematischen Disziplin, drittens den stringenten Zusammenhang von Prämissen und Conclusio auch im induktiven Schluß. Der Rationalismus hat recht, wenn er behauptet, daß auch Erfahrungserkenntnis nicht ohne apriorische Bestandteile möglich ist; nur darf freilich der Apriorismus nicht verabsolutiert werden. Als apriorische Erkenntnisse wird man nicht etwa nur solche ansehen, bei denen Erfahrungen überhaupt nicht mitwirken, sondern bereits solche, deren Rechtsgrund nicht aus der Erfahrung stammt.

Stumpf stellt folgendes Schema für die möglichen Erkenntniswege auf:

I. Erkenntnis von Tatsachen

a) unmittelbar durch schlichte Wahrnehmung (a posteriori)

b) mittelbar a posteriori
   1. deduktiv
   2. induktiv

II. Erkenntnis von Gesetzen

a) a priori
   1. unmittelbar durch Axiome
   2. mittelbar

b) a posteriori durch Induktion

Die Einwendungen und Angriffe gegen das Kausalgesetz haben teilweise die Hume'schen Argumente in neuer Prägung wiederholt. Das gilt insbesondere für den wissenschaftlichen *Positivismus*, der ja bei *Hume* und *d'Alembert* (1717—1783) seinen Anfang nimmt und in Auguste *Comte* (1798—1857), Ernst *Mach* (1838—1916), Richard *Avenarius* (1843—1896) und Joseph *Petzoldt* (1862—1929) neuere Vertreter gefunden hat.

Aus der *Naturwissenschaft* heraus sind in jüngster Zeit vornehmlich zwei Gesichtspunkte in den Vordergrund gerückt worden:

1. Seit der Begründung der „Mechanischen Wärmetheorie" durch Clausius und Boltzmann rückt man gern „statistische" Gesetze an die Stelle der klassischen „dynamischen", wenn man z. B. darlegt, daß der Übergang von Wärme von einem kälteren auf einen wärmeren Körper nicht prinzipiell unmöglich, sondern nur sehr unwahrscheinlich ist. Wenn umgekehrt der Übergang von warm zu kalt „nicht notwendig, sondern nur wahrscheinlich" genannt wird, so muß darauf hingewiesen werden, daß diese Disjunktion nicht als zwingend bezeichnet werden kann; denn der Gegensatz von „notwendig" ist „tatsächlich", der von „wahrscheinlich" dagegen „sicher". Wäre der genannte Übergang somit notwendig, so fände er auch tatsächlich statt; wäre er

umgekehrt unmöglich, so würde er auch tatsächlich unterbleiben. Max Planck (1858—1947) führt zu diesem Fragenkomplex aus (*Dynamische und statistische Gesetzmäßigkeit*, Leipzig 1914), daß die statistischen Gesetze dynamisch erklärt werden müssen, nicht umgekehrt; jedenfalls verlaufe so der prinzipielle Weg. Statistische Gesetze seien Wegweiser zu dynamischen. Um statistisch überhaupt schlußfolgern zu können, müsse der Begriff der strengen Gesetzmäßigkeit vorausgesetzt werden.

Wenn man Naturgesetze in statistische Regeln umdeutet, werden freilich dynamische Gesetze verschwinden. Jedoch scheint der begriffliche Unterschied zwischen Notwendigkeit und Genauigkeit beachtlich. Man kommt so zu einer „qualitativen" Kausalität, innerhalb deren dann die quantitativen Abweichungen statistisch festgestellt werden. Die Schlußfolgerung: „je genauer die Ursache, desto genauer die Wirkung" tendiert stark in Richtung einer strengen Kausalität.

Die erwähnte qualitative Kausalität erscheint deswegen nicht ohne weiteres abwegig, weil im Organischen und Seelischen überhaupt bloß von einer solchen gesprochen werden kann.

2. Wesentlich anders liegen die Verhältnisse hinsichtlich der Kausalität in der neueren Atomphysik, besonders seit der 1927 erfolgten Aufstellung der „Unbestimmtheitsrelationen" durch Werner Heisenberg (geb. 1901). Bei der messenden Beobachtung gewisser Kleinstkörper hatte sich nämlich herausgestellt, daß die gleichzeitige Bestimmung von Ort und Impuls eines Teilchens, die nach der klassischen Mechanik gegeben sein müssen, um das fragliche System von Differentialgleichungen aufzustellen, deswegen nicht möglich ist, weil bei der notwendigen Beleuchtung

des Vorganges (ohne welche die Beobachtung nicht vorgenommen werden könnte) infolge der größenmäßigen Übereinstimmung von Lichtteilchen und Beobachtungsobjekt eine Beeinflussung stattfindet. Fixiert man die Beobachtung auf den Ort des Teilchens, so entgleitet die Impulsbestimmung, und umgekehrt. Dabei bleibt die Gesamtmessung, wie hier nicht näher ausgeführt werden kann, in einem bestimmten, quantitativ abgegrenzten Rahmen. (Man hat dieses Phänomen gern mit der Selbstbeobachtung in der Psychologie verglichen, wo ebenfalls der Einfluß des Beobachters den Tatbestand in nicht zu erfassender Weise verändert.) Da nun, so schließt Heisenberg, das künftige Ereignis nicht generell mit Sicherheit vorausgesagt werden kann, könne in einem solchen Falle auch nicht von Kausalität im herkömmlichen Sinne gesprochen werden. Nur folgende „eingeschränkte" Kausalität sei auch in der modernen Atomphysik sinnvoll (Erkenntnis, Bd. 2, 1931, S. 180): „Wenn die Bestimmungsstücke eines isolierten Systems zu einer gegebenen Zeit genau bekannt sind, so gibt es zu jeder späteren Zeit Experimente an diesem System, deren Resultate genau determiniert sind und vorausberechnet werden können, wenn das System keinen Störungen ausgesetzt ist außer denen, die durch das genannte Experiment verursacht werden."

Gegen diese Einwendungen gegen das Kausalgesetz, die durchaus Beachtung verdienen und bereits eine lebhafte Diskussion hervorgerufen haben, hat Stumpf geltend gemacht, daß die erwähnte Aporie doch mehr in eine Theorie der sinnlichen Beobachtung weist. Stumpf bewegt sich hier in der Richtung Plancks, der den Ausweg des „idealen Beobachters" ergreift und das Vorhandensein von Kausalität auf dessen sichere Voraussage stützt. Freilich muß betont werden, daß Stumpf in dem erwähnten Zusammenhang nicht von „Unbestimmtheit", sondern nur von „Unbestimmbarkeit" spricht. Da die behandelte Erscheinung jedoch auch auftritt, wenn die Voraussetzungen objektiv gegeben sind, handelt es sich um echte Unbestimmtheit.

Insbesondere muß — in Ergänzung der obigen, die Erkenntnislage nicht völlig scharf kennzeichnenden Ausführungen — hinsichtlich der atomphysikalischen Unbestimmtheit auf folgendes hingewiesen werden: Die Beobachtung „stört" nicht den atomaren Vorgang „an sich"; sondern es kann diejenige Wechselwirkung zwischen Beobachter und Objekt, welche etwa den Ort des Teilchens liefern soll, nicht zugleich mit einer Wechselwirkung hergestellt werden, welche der Impulsbestimmung dienen soll. Es erscheint insofern sinnlos, eine an sich (d. h. unabhängig von der geschilderten Wechselwirkung) bestehende atomare Situation als vorhanden anzunehmen. Den atomaren Gebilden können also keine solchen Eigenschaften beigelegt werden, die unabhängig vom Beobachtungsakt existieren. Niels Bohr (geb. 1885) spricht deshalb auch von einem Verzicht auf die Objektivierbarkeit des atomaren Geschehens.

Ein Ausweg kann in der Abtrennung der Mikrophysik von der Makrophysik gesehen werden, deren Grenze bekanntlich durch das Planck'sche Wirkungsquantum $h = 6{,}55 \cdot 10^{-27}\ erg \cdot sec$ gegeben ist. In der Makrophysik herrscht dann Kausalität, Determinismus und eine dynamische Gesetzmäßigkeit, in der Mikrophysik „Wahlfreiheit". Hier dürfte nicht ganz einfach einzusehen sein, wieso bei Überschreitung der Größenordnung des genannten Wirkungsquantums der Zufall stetig in

Gesetzmäßigkeit übergehen soll. Andererseits wissen wir, daß den höheren Seinsschichten, z. B. bereits in der Welt der Organismen, neue (freie) Kräfte zukommen. Sollte also (man denke auch an die Minimalprinzipien der klassischen Physik, z. B. das Gesetz des kürzesten Lichtweges) auch im Anorganischen ein kausaler und ein finaler Zug walten? Das führt in metaphysischer Hinsicht am zwangslosesten zu einem „psychoiden" Charakter der Wirklichkeit, wie ich an anderer Stelle dargetan habe. Erkenntnistheoretisch würde man die Aporie so zu lösen versuchen, daß man das an sich als gültig anzunehmende Kausalgesetz im atomaren Bereich unter gewissen Umständen für „nicht anwendbar" erklärt. Dieser Ausweg trägt freilich in gewissem Sinne einen positivistischen Charakter und ist insofern nicht sonderlich befriedigend.

Wenn man der aufgewiesenen Schwierigkeiten grundsätzlich Herr werden will, wird man zu einer Revision der Fragestellung schreiten müssen. Wie schon gesagt wurde, hängt die Geltung aller Naturgesetze und somit auch die des Kausalgesetzes eng zusammen mit der realistischen Grundansicht einer an sich bestehenden Außenwelt. Wenn eine reale Außenwelt existiert, gilt auch das Kausalgesetz, und wir würden es durchgehend bestätigt finden, wenn uns die quantitative Berücksichtigung aller Faktoren möglich wäre. Unter Hinweis auf diese Hypothese und rücksichtlich des Umstandes, daß erstens das Kausalgesetz in der Makrophysik ausnahmslos gilt und zweitens eine dimensionsmäßige Aufspaltung der Physik nach Maßgabe der etwaigen Gesetzlichkeiten außerordentlich bedenklich erscheint, kann man die Gültigkeit des Kausalgesetzes unterstellen, jedenfalls für solange, als nicht direkt seine

Ungültigkeit in einem Einzelfalle effektiv nachgewiesen ist.

Da jedoch, wie noch auseinanderzusetzen sein wird (§ 3 dieses Kapitels), die Annahme einer realen Außenwelt lediglich eine — wenn auch außerordentlich glaubhafte — Hypothese darstellt, kann man das Kausalgesetz auch nur als eine durch die Erfahrung gewährleistete Hypothese ansehen. Alle Erfahrung hat zwar apriorische Grundlagen, jedoch gibt es umgekehrt auch keine zureichende Erkenntnis ohne Erfahrung.

Weiterführende Literatur: E. Czuber, *Die philosophischen Grundlagen der Wahrscheinlichkeitsrechnung*, Leipzig und Berlin 1923. — R. v. Mises, *Wahrscheinlichkeit, Statistik und Wahrheit* (Schriften zur wissenschaftlichen Weltauffassung, Bd. 3), Wien 1928. — N. Bohr, *Atomtheorie und Naturbeschreibung*, Berlin 1931. — M. Planck, *Wege zur physikalischen Erkenntnis*, 4. Aufl., Leipzig 1944. — W. Heisenberg, *Wandlungen in den Grundlagen der Naturwissenschaft*, 6. Aufl., Leipzig 1945. — C. F. v. Weizsäcker, *Zum Weltbild der Physik*, 3. Aufl., Leipzig 1945. — P. Jordan, *Die Physik des 20. Jahrhunderts* (Die Wissenschaft, Bd. 88), 7. Aufl., Braunschweig 1947. — M. Hartmann, *Die philosophischen Grundlagen der Naturwissenschaften*, Jena 1948. — G. Kropp, *Das Außenweltproblem der modernen Atomphysik* (Probleme der Wissenschaft in Vergangenheit und Gegenwart, Bd. 7), Berlin 1948.

§ 3 Das Außenweltproblem

Der naive Beurteiler versteht unter der „Außenwelt“ die Gesamtheit des außerhalb seiner Person Befindlichen. Jedoch abgesehen davon, daß zufolge der durch die Haut vermittelten Austauschbeziehungen schon rein physiologisch der Gegensatz von Außen- und Innenwelt schwer zu fassen ist, muß überhaupt im strengen Sinne der eigene Körper, sofern er Gegenstand unserer Wahrnehmung ist, zur Außenwelt gerechnet werden. Demnach ist „Innenwelt" der Inbegriff unserer Bewußtseinsinhalte. Die Trennung von Innen- und Außenwelt ist im Grunde nur in der Abstraktion durchführbar. Es hat sich erkenntnistheoretisch als zweckmäßig erwiesen, unser Bewußtsein als „Innenwelt" von dem jenseits des eigenen Bewußtseins Befindlichen als „Außenwelt" zu scheiden. In diesem Sinne hat bereits Descartes in seinen *Meditationes de prima philosophia* (1641) die Grundfrage aufgeworfen: Wie kommt das Subjekt beim Erkennen über sein Bewußtsein hinaus?

Unter dem „Außenweltproblem" versteht man die Subjekt-Objekt-Beziehung in der Realerkenntnis. Mit dem Außenweltproblem wird die Frage aufgeworfen: Wie stellt sich uns die gegenständliche Welt dar?

Die Hauptlösungen sind durch die erkenntnistheoretischen Richtungen des Realismus und des Idealismus gegeben. Der Realist glaubt eine unabhängig vom Subjekt bestehende Außenwelt erkennen zu können. Der Idealist sieht die Außenwelt nur als Bewußtseinsinhalt des erkenntnistheoretischen Subjekts an. Man kann insofern (etwas überspitzt) sagen, daß der Realist das Subjekt aus dem Objekt, der Idealist das Objekt aus dem Subjekt erklärt.

Einige Vorbemerkungen sind vonnöten: Man muß scharf zwischen erkenntnistheoretischen und metaphysischen Begriffsbildungen unterscheiden. Die Anerkennung der Existenz einer realen Außenwelt besagt nicht, daß diese materieller Natur sein muß. „Realismus" ist ein erkenntnistheoretisches Prädikat der erwähnten Bedeutung, wogegen der „Materialismus" die körperliche (materielle) Beschaffenheit der Wirklichkeit behauptet und insofern ein metaphysisches Prädikat darstellt. (Man spricht in der Gegenwart leider häufig von „Materialismus", wenn man im Sinne der herkömmlichen philosophischen Terminologie von erkenntnistheoretischem „Realismus" reden müßte.) Noch schlimmer steht es mit dem Begriff „Idealismus", welcher nachgerade als abgenutzt angesehen werden muß. Außer in der obengenannten erkenntnistheoretischen Bedeutung spricht man nämlich auch mitunter von „Idealismus", wenn man das metaphysische Gegenbild des Materialismus meint, wonach die Wirklichkeit immateriellen, geistigen Charakter trägt; hier wäre der Ausdruck „Spiritualismus" anzuempfehlen. (Auch Dilthey, 1833—1911, dem sich hierin Liebert anschließt, meint mit seinen bekannten Weltanschauungstypen „philosophischer Naturalismus", „objektiver Idealismus", „Idealismus der Freiheit" nicht erkenntnistheoretische, sondern metaphysische Prädikate, obwohl er paradoxerweise die Metaphysik ablehnt.) Und schließlich spricht man in der Ethik von Idealismus (und entsprechend auch von Materialismus), wenn man das selbstlose, auf höhere Werte gerichtete Streben von dem primitiven Triebe, der sich auf sinnliche Lust und Güter erstreckt, absetzen will. Hier sollte man besser Altruismus und Egoismus bzw. Pflicht- und Neigungsstreben sagen.

Für unsere Zwecke möchte ich in erkenntnistheoretischer Absicht von „Realismus" und „Idealismus", von „Materialismus" und „Spiritualismus" dagegen nur in metaphysischer Hinsicht sprechen.

Zunächst mögen die hauptsächlichsten Ausprägungen realistischer und idealistischer Lösungen des Außenweltproblems kurz gekennzeichnet werden, ehe dann eine kritische Würdigung Platz greifen soll.

a) Der „naive Realismus" behauptet, daß wir die Gegenstände der Außenwelt hinsichtlich ihrer primären wie ihrer sekundären Qualitäten (S. 11) so erfassen, wie sie wirklich sind. Die Sinnestäuschungen geben zwar zu einer in etwa auftretenden Unterscheidung zwischen Wahrnehmungserlebnissen und Außenwelt Veranlassung, doch bleibt der naive Realist dabei, daß die gegenständliche Welt adäquat erfaßt werden kann, nachdem gegebenenfalls gewisse Korrekturen in Absatz gebracht worden sind.

b) Der „physikalische Realismus" bezeichnet nur noch die primären Qualitäten, welche sich auf Größe, Gestalt, Lage, Bewegung, Zahl beziehen, als objektiv, wogegen er die sekundären (Empfindungs-)Qualitäten, wie Farbe, Ton, Geruch, Geschmack usw., als subjektiv ansieht.

c) Der „kritische Realismus" modifiziert hinsichtlich der primären Qualitäten darüber hinaus die räumlichen Eigenschaften. Hinsichtlich unserer Erkenntnis des psychophysischen Zusammenhanges kann man nämlich mit Recht bezweifeln, ob die phänomenale Räumlichkeit der Außenwelträumlichkeit-an-sich angepaßt ist; denn das Bewußtsein ist sicher nicht räumlich. Deshalb beschränkt sich der kritische Realismus auf ein eindeutiges Entprechen, eine Zuordnung von Außenwelt-an-sich und Erscheinungswelt, ohne hier mehr als eine formale Übereinstimmung zu behaupten.

d) Der subjektive Idealismus" (auch „Bewußtseinsmonismus", „Konszientialismus", „Immanenzphilosophie" genannt) sieht unsere Bewußtseinsinhalte als das primär Gegebene an. Eine Außenwelt besteht nur soweit, als sie Empfindungen in uns hervorruft. Dieser Standpunkt muß konsequenterweise zum „Solipsismus", ja zum „Gegenwartssolipsismus" führen, insofern nur meine eigenen, ja meine gegenwärtig eigenen Bewußtseinsinhalte nachweisbar sind; denn bereits von meinen Mitgeschöpfen habe ich nur Empfindungen.

e) Der „objektive Idealismus" (auch „logischer Idealismus" genannt) erkennt im Gegensatz hierzu außer dem eigenen Bewußtsein auch die Realität anderer psychischer Wesen an und ist insofern überindividuell, so daß die Absurditäten des Solipsismus entfallen.

f) Der „kritische Idealismus" (auch „transzendentaler Idealismus" genannt) unterscheidet sich vom subjektiven Idealismus darin, daß er das Ding-an-sich anerkennt. Im Gegensatz zum objektiven Idealismus jedoch, welcher von seiner Hypothese eines „Bewußtseins-überhaupt" gern auf eine geistige Struktur der Außenwelt schließt (spiritualistische Hypothese), hält er eine nähere Bestimmung des Dinges-an-sich für unmöglich. Erkennbar sind nur „Erscheinungen" (Phänomene), weshalb der kritische Idealismus auch oft als „Phänomenalismus" (φαίνομαι) bezeichnet wird. Man nennt diese Auffassung „transzendental", weil die apriorischen Erkenntnisbedingungen der Wahrnehmungswelt im Subjekt verankert gedacht werden (s. S. 29).

1. Realistische Lösungen

Der „naive Realismus" ist der vorwissenschaftliche Standpunkt des unreflektierten Verhaltens. Man glaubt, daß es Mitgeschöpfe gleicher seelischer Struktur wie wir selbst und eine objektiv vorhandene Außenwelt gibt, die wir — von gelegentlichen Täuschungen abgesehen — so erkennen, wie sie ist. Für den naiven Realisten sind also auch die sekundären Qualitäten objektiv, und zwar deswegen, weil sie von den räumlichen Qualitäten gar nicht zu trennen sind. Auch ist der naive Realist der Überzeugung, daß die wahrgenommenen Eigenschaften den Dingen auch dann zukommen, wenn wir diese nicht wahrnehmen.

In der neueren Philosophie findet der naive Realismus Anerkennung u. a. bei Martin Heidegger (geb. 1889) und Hugo Dingler (geb. 1881). Heidegger will hinter die cartesianische Subjekt-Objekt-Spaltung zurückfinden und betont, daß die Außenwelt in der Gewißheit des In-der-Welt-Seins unmittelbar gegeben ist. Dingler will — in einer doppelten Frontstellung gegen Sensualismus und Kritizismus — die „frische, volle, lebendige Wirklichkeit" des alltäglichen Lebens als Realität ungeteilt anerkennen. Der „Fleckenteppich" von Sinnesempfindungen der verschiedenen Organe habe bewirkt, daß man hinter diesem Sinnenmantel noch eine „reale Welt" angenommen habe, welche aber in Wahrheit „eines der seltsamsten und unrealsten Denkgebilde, das jemals aufgetreten ist", sei.

Hieran ist richtig, daß die „primäre Lebenswelt" nicht erst einer dahinter stehenden Welt bedarf, um real zu sein. „Erscheinung" ist nicht gleich „Schein"; aber es fragt sich, ob diese primär gegebene Welt die einzig wirkliche Welt ist. Gerade die Sinnesphysiologie lehrt, daß man, um bündig urteilen und wissenschaftlich arbeiten zu können, um die beanstandete „Verdoppelung“ der Welt nicht herumkommt.

Die Sinnesphysiologie und die Physik sind diejenigen Disziplinen, welche unleugbar eine Modifikation des naiven Realismus fordern. So entsteht der „physikalische Realismus“. Man erkennt hier, daß die physiologischen und physikalischen Prozesse, welche die Wahrnehmungen bedingen, im Vergleich zu diesen völlig andersartig sind. Zum Beispiel hat ein wahrgenommener Ton keine Verwandtschaft mit der mechanischen Schwingung, auf Grund welcher er von unserem Gehörsorgan wahrgenommen wird. Insofern müssen die von Galilei, Descartes, Locke und anderen sogenannten „sekundären Sinnesqualitäten“ als subjektiv hingestellt werden. Hingegen werden die primären Qualitäten (Größe, Gestalt- und Lageeigenschaften, Bewegung, Zahleigenschaften) als objektiv angesehen. Es wird zwar nicht bestritten, daß auch die räumlichen Eigenschaften in gewissem Umfange wahrnehmungsbedingt sind (Abhängigkeit der Wahrnehmungsgröße von der Entfernung); aber durch geeignete Ausgestaltung der Wahrnehmungen (Meßverfahren) kann die Objektivität gesichert werden.

Sowohl der naive wie der physikalische Realismus können in gewisser Weise „geläutert“ werden. Auf diesem Wege kann dem Zweifel des Phänomenalismus, welcher aus dem Studium des psychophysischen Zusammenhanges entpringt (könnte das Wahrnehmungsbild nicht vom Außenweltobjekt-an-sich verschieden sein?), begegnet werden. Die Läuterung vollzieht sich so, daß man den

Außenweltobjekten statt sinnlicher bzw. räumlicher Qualitäten „An-sich-Beschaffenheiten" zuspricht. Wenn mir ein Objekt „weiß" erscheint, lege ich ihm fortan die Beschaffenheit „weiß-an-sich" zugrunde und kann so z. B. auch erklären, warum mir derselbe Gegenstand über die Wahrnehmungslücken hinaus weiß erscheint. Die An-sich-Beschaffenheiten sind nicht unmittelbare, sondern nur mittelbare Ursachen der Empfindungsqualitäten. Wenn z. B. der naive Realismus nicht erklären kann, wieso dasselbe laue Wasser den beiden Händen derselben Person verschieden temperiert erscheint (je nach der „Vergangenheit" jeder Hand heiß oder kalt), erkennt der kritische Realist die An-sich-Beschaffenheit der Temperatur nicht als unmittelbare, sondern nur als mittelbare Ursache der Wärmeempfindung an, so daß durch die Zwischenglieder verschiedene Empfindungen hervorgerufen werden können. — Entsprechend schreibt man den Außenweltobjekten statt räumlicher Eigenschaften nur entsprechende An-sich-Beschaffenheiten zu, so daß die phänomenale Räumlichkeit von der Räumlichkeit-an-sich durchaus verschieden sein kann. Hinsichtlich der Zeit-, Bewegungs- und Zahlqualitäten kann es bei der Ansicht des physikalischen Realismus bleiben, daß diese an sich erkennbar sind.

Man bezeichnet diese geläuterte realistische Anschauung als „kritischen Realismus". Das kritische Moment in ihm liegt darin, daß er auf die Behauptung verzichtet, daß Dinge-an-sich in den Erscheinungen wahrgenommen werden; es ist vielmehr Aufgabe der Forschung, dem Realen allmählich immer näher zu kommen, und zwar vermittels der „Signale, welche die Erscheinungswelt uns sendet". Und das realistische Moment steckt in der Annahme einer transsubjektiven realen Außenwelt, welche „hinter" den Erscheinungen steht und diese erst hervorruft. (Max Planck schiebt zwischen die Sinnenwelt und die reale Welt zunächst das „physikalische Weltbild" als „dritte Welt", gibt jedoch dann selbst zu, daß das physikalische Weltbild in immer zunehmendem Maße danach tendiert, in der realen Welt aufzugehen. Hier zeigt sich an einer speziellen Wissenschaft das oben gekennzeichnete Streben der Forschung, der realen Welt selbst immer näher zu kommen.)

Die durch den kritischen Realismus gegebene Lösung des Außenweltproblems wird der Gesetzmäßigkeitsvoraussetzung und dem Kausalitätsprinzip gerecht. Sie erfüllt zwanglos die Anforderungen der Wissenschaft und bleibt in Übereinstimmung mit der natürlichen Weltansicht. Der kritische Realist verzichtet auf die Erkenntnis des „inneren Wesens" der Dinge und begnügt sich damit, die „Form" der Außenwelt-an-sich zu erfassen.

Die reale Außenwelt im Sinne des kritischen Realismus ist nur eine Hypothese, freilich eine solche von hoher Wahrscheinlichkeit. Sie ist keine Fiktion, denn die Annahme ist weder absurd, noch als falsch nachgewiesen. Wir können im Gegenteil im Sinne der oben (S. 76) dargelegten Induktionstheorie folgendermaßen schließen:

1. Der Verlauf unserer Sinneswahrnehmungen hat sich in unsagbar vielen Fällen mit Hilfe der Hypothese einer realen Außenwelt erklären lassen.

2. Daß die hier zum Ausdruck gelangende Übereinstimmung eine zufällige ist, hat die äußerst geringe Wahrscheinlichkeit *p*.

3. Also besteht für die Hypothese der Existenz einer realen Außenwelt die äußerst große Wahrscheinlichkeit *1—p*.

Zum Schluß möge darauf hingewiesen werden, daß der kritische Realismus mit verschiedenartigen metaphysischen Konsequenzen verträglich ist. Nicht nur die Materialisten bevorzugen eine realistische Erkenntnistheorie, sondern auch Vertreter einer psychoiden Wirklichkeitsstruktur (E. v. Hartmann, W. Wundt, J. Volkelt, Driesch, Becher) sind in erkenntnistheoretischer Hinsicht kritische Realisten.

2. Idealistische Lösungen

Der Gegenpol des erkenntnistheoretischen Realismus ist der „subjektive Idealismus", insofern dieser das Vorhandensein einer an-sich-bestehenden realen Außenwelt rundweg abweist. Dieser Standpunkt ist, namentlich auch in der neueren Naturwissenschaft, häufig mit dem „Positivismus" verknüpft worden, so durch Avenarius, Petzoldt und namentlich Ernst Mach. Bekannt geworden ist hinsichtlich der Physik der 1910 (Physikalische Zeitschrift, Bd. 11, S. 599-606 und 1186-90) erfolgte Austrag der erkenntnistheoretischen Gegensätzlichkeit des Positivisten Mach mit dem Realisten Planck. Der Positivismus schließt insofern eine über die Erkenntnistheorie hinausgehende Bedeutung ein, als er nicht nur „positiv" die Beschränkung auf „Tatsachen" fordert (vornehmlich in Form von Sinneswahrnehmungen, daher meist Verbindung mit einem „Sensualismus"), sondern zudem „negativ" alles Überschreiten der Erfahrung und damit jede Metaphysik abweist.

Ist, genetisch gesehen, der naive Realismus als die natürlichste Anfangslösung des Außenweltproblems anzusprechen, so erscheint es systematisch geboten, zunächst einmal zu versuchen, wieweit man mit einer Immanenzphilosophie (Bewußtseinsmonismus) kommt.

Bei der Darlegung der gesicherten letzten Erkenntnisgrundlagen (Kap. IV, § 1) war gezeigt worden, daß hinsichtlich der Realerkenntnis allein „schlichte Wahrnehmungsurteile" als stringent angesehen werden können. Bei den schlichten Wahrnehmungsurteilen handelt es sich um meine gegenwärtigen Bewußtseinsinhalte, d. h. wir haben den Gegenwartssolipsismus vor uns. Dieser ist, wie auch der einfache Solipsismus, rein logisch gesehen unwiderleglich, aber völlig unfruchtbar und dem natürlichen Erleben gegenüber absurd. Es gibt für diesen Standpunkt in letzter Konsequenz nicht nur keine reale Außenwelt, sondern auch kein fremdes Seelenleben. Wenn uns auf irgendeine intuitive Weise fremdes Seelenleben ebenso gegeben sein sollte wie das eigene, so müßte eine Art Hellsehertum angenommen werden. Wundern müßte man sich, wieso dann die anderen Subjekte, die doch nur in unserer Vorstellung existieren, in ihren eigenen Wahrnehmungen, soweit sie mitteilbar sind, so auffallend untereinander und mit uns übereinstimmen. Ganz abgesehen davon, daß die Mitmenschen als unsere bloßen Vorstellungsinhalte überhaupt nicht als aktive Wesen existieren könnten.

Der subjektive Idealismus weist gleich dem naiven Realismus jede „Verdoppelung" der Welt ab, freilich aus dem entgegengesetzten Grunde: Wir benötigen nach dieser Anschauung keine reale Außenwelt, um die Wirklichkeit zu erkennen. Die durch die Sinneseindrücke veranlaßten Bewußtseinsinhalte (daher auch „Konszientialismus") stellen bereits die Wirklichkeit dar, so daß es überflüssig erscheint, dahinter noch ein irgendwie geartetes Substrat anzunehmen. Ein wahrgenommenes Haus z. B. ist gegeben durch ein ganz charakteristisches Beisammen von Sinneseindrücken, und in diesem uns bewußt gewordenen psychischen Erlebnis ist das Haus real.

In der Gegenwart ist Robert Reininger (geb. 1869; *Metaphysik der Wirklichkeit,* Wien 1931; 2. Aufl. in zwei Bänden, Bd. I, Wien 1947) ein lebhafter Verfechter des subjektiven Idealismus. Sehen wir zu, was sich zu dem von Reininger als dogmatisch bezeichneten „realistischen Vorurteil" sagen läßt. Grundlegend ist das sog. Substratargument: Wie kommt es, daß (in unserem Beispiel) das Haus, nachdem ich mich zwischendurch weggewendet oder die Augen geschlossen habe, immer wieder in der gleichen Weise erscheint? Die Lückenhaftigkeit unserer Wahrnehmungen wird doch am zwanglosesten durch die Annahme überbrückt, daß das Objekt in der Außenwelt real existiert unbeschadet dessen, ob wir oder irgend jemand es gerade wahrnehmen (wobei natürlich die aktuelle Feststellung, daß dieses Haus da ist, nur durch eine entsprechende Wahrnehmung getroffen werden kann). Der Bewußtseinsmonist muß konsequenterweise erklären, daß das Haus verschwindet, wenn ich die Augen schließe, und bei ihrem Öffnen wieder in Erscheinung tritt. So z. B. Mill, welcher die Wahrnehmungslücken dadurch überbrückt, daß er innerhalb deren nur die Möglichkeit hypostasiert, die fragliche Empfindung wiederzuerlangen. Ein körperliches Ding ist zu definieren als eine

„Summe permanenter Möglichkeiten der Empfindung". Hier wird also an die Stelle der Hypothese einer realen Außenwelt die Hypothese der Wahrnehmungsmöglichkeiten gesetzt, und diese ist doch im Grunde der abgekürzte Ausdruck dafür, daß die in Rede stehenden Gegenstände bei Vorliegen der Wahrnehmungsbedingungen wieder da sind. Reininger begründet die verwunderliche Tatsache, daß die fraglichen Objekte die Wahrnehmungslücken ohne Veränderung überdauern, damit, daß er sagt, nicht nur die Wahrnehmungsbruchstücke, sondern auch die Ergänzungsvorstellungen und Denkinterpolationen gehören zu unseren Bewußtseinsinhalten. Wahrnehmungen und Lücken zusammen genommen bilden das „Gegebene", und wir sind in der Lage, auf Grund dieses Gegebenen selbst Ordnung in die Welt zu bringen. Hiergegen ist jedoch einzuwenden, daß das Vorhandensein der gesamten Naturwissenschaften, insbesondere der Physik und Physiologie, zeigt, daß das bewußtseinsmäßig Gegebene (einschließlich der Wahrnehmungslücken) eben nicht ausreicht, um die Wirklichkeit adäquat zu erkennen. Es treten Faktoren hinzu, welche nicht aus Bewußtseinsinhalten abzuleiten sind. Ferner muß folgendes bemerkt werden: Einmal interpolieren wir die Wahrnehmungslücken nur dann, wenn wir besonderen Anlaß dazu haben; ist andernfalls also weniger „gegeben"? Und zweitens ändern sich die Denkinterpolationen mit dem Fortschritt der Wissenschaften. Wenn aber das immanent Gegebene allein zur Wirklichkeitserklärung ausreichen soll, würde die bewußtseinsmonistische These auf ein Fluktuieren der Naturgesetzlichkeit hinauslaufen. Das „Substratargument" des kritischen Realismus kann also nicht als widerlegt angesehen werden.

Weitere Einwände gegen den subjektiven Idealismus sind folgende: K ü l p e hat darauf hingewiesen, daß nicht einmal die objektive Gesetzmäßigkeit selbst der Wahrnehmungsinhalte ohne das Substratargument verstanden werden kann. Auch der Bewußtseinsmonist muß innerhalb derselben Wahrnehmungen eine psychologische und eine physikalische Gesetzmäßigkeit unterscheiden und anerkennen. Dergleichen ist doch recht verwunderlich, wenn es angeblich nur e i n e einzige Welt gibt.

Und D i l t h e y hat darauf aufmerksam gemacht, daß es dem subjektiven Idealisten schwerfallen dürfte, die Mannigfaltigkeit der perspektivischen Ansichten desselben Gegenstandes bei der gleichen Person und der partiellen Übereinstimmung der Wahrnehmungen verschiedener Personen immanent zu erklären.

Wie will weiter der subjektive Idealist die Zuordnung verschiedener Sinneswahrnehmungen zu Nervenprozessen begreiflich machen? Wenn etwa ein Arzt einen Hörvorgang beobachten will, in welchem Verhältnis stehen dann seine optischen Wahrnehmungen zu den akustischen Wahrnehmungen des Patienten, und was hat eine physiologische Psychologie überhaupt für einen angebbaren Sinn, wenn sich der Wahrnehmungsvorgang nur im Bewußtsein des Physiologen abspielt? Da außerdem die zentralen Vorgänge selbst gar nicht phänomenal gegeben, sondern irgendwie erschlossen sind und man festgestellt hat, daß sie ausbleiben, wenn das Zentrum gestört ist, wird die ganze Situation noch problematischer.

Schließlich können echte Wahrnehmungen von den Traumvorstellungen und Halluzinationen nur durch die Annahme des Vorhandenseins realer Außenweltreize getrennt werden. Der Hinweis auf Gesetzmäßigkeit bei tatsächlichen Wahrnehmungen und Regelwidrigkeit bei Halluzinationen reicht im Zweifelsfall bei weitem nicht aus.

Somit muß der subjektive Idealismus, so bestechend er ob seiner logischen Geschlossenheit im ersten Augenblick erscheinen könnte, bei näherem Zusehen verlassen werden. Die Abweisung der realistischen Außenwelthypothese gibt zu mehr Künsteleien Anlaß, als die Annahme jener Hypothese mit sich bringt, ganz abgesehen davon, daß die konsequente Fortbildung des subjektiven Idealismus zum Solipsismus bzw. Gegenwartssolipsismus geradezu absurd genannt werden muß. Es ist keinesfalls ein prinzipieller Vorzug, wenn die philosophische Erkenntnis dem Erkennen im Leben und in den positiven Wissenschaften entfremdet wird; denn Einheit von Wissenschaft und Leben muß als letztes Ziel auch der philosophischen Arbeit angesehen werden. —

Der „objektive Idealismus“ betrachtet die Außenwelt-an-sich als Inhalt eines umfassenden „Bewußtseins-überhaupt“ und führt insofern zum metaphysischen Spiritualismus. „Der Begriff ist das wahrhaft Erste, und die Dinge sind das, was sie sind, durch die Tätigkeit des ihnen innewohnenden und in ihnen sich offenbarenden Begriffs.“ (Hegel, System der Philosophie I: Die Logik, § 163.) Auf diese Weise neigt der objektive Idealismus dazu, sich in das unkontrollierbare Feld der Spekulation zu verlieren, wie ja auch gerade Hegel dafür bekannt ist, daß er eine Erkenntnistheorie für überflüssig erachtet. Dem objektiven Idealismus eignet ein Zug ins Absolute und damit ein gewisser Dogmatismus, z. B. wenn Hegel in seiner berühmt gewordenen Berliner Antrittsvorlesung vom 22. Oktober 1818 ausführt: „Der Mensch soll sich selbst ehren und sich des Höchsten würdig erachten. Von der Größe und der Macht des Geistes kann er nicht groß genug denken. Das verschlossene Wesen des Universums hat keine Kraft in sich, welche dem Mute des Erkennens Widerstand leisten könnte, es muß sich vor ihm auftun und seinen Reichtum und seine Tiefen ihm vor Augen legen." Die Wurzel des objektiven Idealismus liegt im Grunde in der dogmatischen Theologie bzw. in sublimierter Form in einer Metaphysik der Logik, welche den bestimmungsleersten Begriff mit dem größten Realitätswert ausstattet. Es ist nicht philosophisch, sondern eben theologisch, wissen zu wollen, wie der Weltgeist aus einem Prinzip die Wirklichkeit ableitet, so daß sie objektiv aus reiner Vernunft erkannt werden kann.

Mitunter ist versucht worden, dem objektiven Idealismus eine Deutung zu unterlegen, welche ihn praktisch kaum vom kritischen Realismus unterscheidet. Z. B. wurde die Abweisung des Dinges-an-sich umgedeutet als notwendige Verbundenheit mit einem erkennenden Subjekt, welches als nicht individuell gemeintes „Bewußtsein-überhaupt" genannt wurde. Den Inhalt dieses Bewußtseins-überhaupt hat man dann als „Objektiv-Geltendes" hingestellt, d. h. als einen Begriff, der zur Erkenntnis von Gegenständen (und zwar auch der realen) dient. Und die Gegenstände schließlich seien nicht „gegeben", sondern „aufgegeben", insofern bestehe eine gewisse Analogie zum hypothetischen Charakter der realen Außenwelt des kritischen Realismus. Diese (u. a. von Bruno Bauch, 1877—1942, und Rudolf Eisler, 1872—1926, angenommene) Deutung des objektiven Idealismus unterscheidet sich in der Tat nur unwesentlich vom kritischen Realismus. Wesentlich erscheint hier die Frontstellung gegen den naiven Realismus, während der kritische Realismus sich vornehmlich gegen den subjektiven Idealismus wendet.

Wenn man sich jedoch schon zu solcher Deutung des objektiven Idealismus bereit findet, ist es erkenntnistheoretisch sauberer, die Existenz einer realen Außenwelt ehrlich zu hypostasieren. An den kritischen Realismus mag eine psychoide Beschaffenheit der Wirklichkeit angeschlossen werden (es wurde ja oben bereits gesagt, daß eine solche Annahme mit der realistischen Grundansicht durchaus verträglich ist); es ist ein anderes, ob in dogmatischer Weise eine „spiritualistische Hypothese" immanent in die Erkenntnis eingeschlossen oder ob das Metaphysische vom Erkenntnistheoretischen reinlich geschieden wird. —

Eine echte Verträglichkeit besteht jedoch zwischen dem kritischen Realismus und der kritischen Form des Idealismus, dem von Kant vertretenen „Phänomenalismus". Dieser stimmt mit dem objektiven Idealismus wie dem kritischen Realismus in der Anerkenntnis von Dingen-an-sich überein, nur hält er diese für unerkennbar; denn erkannt werden könnten nur „Erscheinungen". Diese Auffassung wird u. a. dadurch gerechtfertigt, daß Kant in Raum und Zeit nur Anschauungsformen (keine Begriffe) sieht, so daß der „transzendentale Idealismus" zugleich „empirischer Realismus" wird; denn er erkennt an, daß unserer Anschauung etwas Wirkliches im Raum entspricht.

Külpe hat gegen den kritischen Idealismus den Einwand erhoben, daß der Schluß von der Subjektivität der Anschauungsformen und Kategorien auf ihre bloße Subjektivität ungerechtfertigt sei; denn jene könnte außer für das Subjekt auch für die Dinge-an-sich gelten. Während der subjektive Idealismus zuviel behaupte, fordere der Phänomenalismus zu wenig.

Von Gewicht ist die dem Phänomenalismus entspringende Folgerung, daß unser eigenes Seelenleben zufolge der Subjektivität der Zeit (als Anschauungsform der inneren Wahrnehmung) die Realität verliert und damit auch dessen Vorgänge zu bloßen Phänomenen gestempelt werden. Dadurch wird das allen anderen erkenntnistheoretischen Richtungen (selbst dem subjektiven Idealismus) realiter Gewisse des eigenen Bewußtseinsbereichs im kritischen Idealismus problematisch und so der Gesamtbereich der Realität eingeschränkt. —

Den realistischen Lösungen gegenüber erweisen sich die idealistischen Ansätze in vielfacher Hinsicht als wirklichkeitsfremd und unterlegen: Als Solipsismus ist der Idealismus absurd; als subjektiver Idealismus kann er die Wahrnehmungslücken nicht erklären und das Substratargument insofern nicht entkräften; der objektive Idealismus gehört im Grunde mehr der Metaphysik als der Erkenntnistheorie an und kann seine Grundbehauptung nicht sichern, sofern er sie nicht realistisch umdeutet; der kritische Idealismus behauptet zu wenig und wird zweckmäßig durch die realistische Außenwelthypothese ergänzt. Wir bejahen daher die Existenz einer gradweise erkennbaren Außenwelt, rechtfertigen damit das Kausalitätsprinzip und die nichtsicherbaren letzten Erkenntnisgrundlagen und wissen uns zugleich in Übereinstimmung mit den positiven Wissenschaften und den Forderungen des Lebens.

Weiterführende Literatur: H. Conrad-Martius, *Zur Ontologie und Erscheinungslehre der realen Außenwelt*, Jahrbuch für Philosophie und phänomenologische Forschung, Bd. 3 (1916), S. 345—547. — J. Volkelt, *Gewißheit und Wahrheit*, München 1918. — J. Geyser, *Erkenntnistheorie*, Münster 1922. — A. Messer, *Der kritische Realismus* (Wissen und Wirken, Bd. 9), Karlsruhe 1923. — N. Hartmann, *Diesseits von Idealismus und Realismus*, Kant-Studien, Bd. 29 (1924), S. 160 bis 206. — W. Del-Negro, *„Idealismus" und „Realismus"*, Kant-Studien, Bd. 43 (1943), S. 411—449.

Kapitel VI

Die Einteilung der Wissenschaften

§ 1 Allgemeiner Überblick

Um zunächst einen vorläufigen Überblick über die Wissenschaften zu gewinnen, gehen wir von den Fakultäten der wissenschaftlichen Hochschulen aus und sehen zu, welche Wissenschaften und Wissenschaftsgruppen wir auf diesem Wege geordnet antreffen.

Die Universitäten des Mittelalters hatten vier Fakultäten, die drei „oberen" und die „artistische". Die oberen Fakultäten betrafen Theologie, Jurisprudenz und Medizin und hatten den Zweck,

Geistliche, Richter und Ärzte auszubilden. Einteilungsprinzip für die in diesen Fakultäten vertretenen Disziplinen war der Berufszweck. Mangels gleichmäßiger Vorbildung der Studierenden — das Abiturientenexamen besteht in Preußen erst seit 1788 — vermittelte die artistische Fakultät die wissenschaftlichen Grundkenntnisse. Ursprünglich die „septem artes liberales" umfassend, wie das alte „Trivium" (Grammatik, Rhetorik, Dialektik) zusammen mit dem „Quadrivium" (Arithmetik, Musik, Geometrie, Astronomie) auch genannt wurde, nimmt die artistische Fakultät an Umfang und Bedeutung immer mehr zu; innerhalb der durch die Gründung der Universität Berlin (1810) eingeleiteten Neuorientierung wird die „philosophische" Fakultät zur „ersten" (Friedrich Schleiermacher, *Gelegentliche Gedanken über Universitäten im deutschen Sinne*, Berlin 1908). Im Gegensatz zu den drei anderen Fakultäten hat die Philosophische Fakultät keine utilitaristische Tendenz, sondern dient der Pflege und Förderung der „philosophischen" Wissenschaften: Philosophie, Geschichts-, Sprach- und Literaturwissenchaften, Nationalökonomie, Geographie, bechreibende und erklärende Naturwissenschaften, Mathematik. Später treten Psychologie und Pädagogik, Volks- und Völkerkunde, Soziologie, Kunst- und Musikwissenschaft, Publizistik und andere hinzu. Die Wissenschaften werden um ihrer selbst willen betrieben. Die Lehrerbildung ist der Absicht nach sekundär, wenn auch der Hauptteil der Studierenden der Philosophischen Fakultät von künftigen „Philologen" gebildet wird.

Die im Laufe des 19. Jahrhunderts neu entstehenden Hochschulen sind von vornherein berufsgebunden ausgerichtet: Handelshochschulen, Technische Hochschulen (Maschinenwesen, Bauingenieurwesen, Elektrotechnik, Verkehrswesen, Bergbau und Hüttenwesen, Technologie), Landwirtschaftliche Hochschulen, Tierärztliche Hochschulen, Forsthochschulen fallen hierunter.

Alle nach Berufszielen eingerichteten Fakultäten machen Anleihen bei den „reinen" Wissenschaften. Die Theologie z. B. bei der klassischen Philologie, die Jurisprudenz bei den Staats- und Wirtschaftswissenschaften, die Medizin, Veterinärmedizin, Land- und Forstwirtschaft bei den Naturwissenschaften, die Technik darüber hinaus bei der Mathematik. —

Die landläufige Einteilung der Wissenschaften erfolgt nach ihren Gegenständen in Natur- und Geisteswissenschaften, wobei die Naturwissenschaften die Erscheinungen in der natürlichen Wirklichkeit zum Gegenstande haben, die Geisteswissenschaften die geschichtlich-gesellschaftliche Wirklichkeit. (Das Wort „Geisteswissenschaft" ist neueren Datums und stammt erst aus dem Jahre 1849 als Übersetzung des Terminus „moral science" in der Mill'schen Logik des Jahres 1843.)

Wenn man darüber hinaus noch eine Unterscheidung von „reinen" und „angewandten" Wissenschaften vornimmt (nicht nur die Technik, sondern auch die Medizin ist in diesem Sinne vorwiegend eine angewandte Wissenschaft), kann man die meisten Disziplinen in einem solchen Schema unterbringen. Doch bemerkt man, daß zwei alte und namhafte Wissenschaften, nämlich die Mathematik und die Philosophie, nicht in dieser Aufstellung enthalten sind. Die Mathematik ist trotz ihrer Awendbarkeit auf viele Naturwissenschaften, die (wie Astronomie, Physik und Chemie) um dessentwillen „exakt" heißen, selbst keine Naturwissenschaft; denn die mathematischen Gegenstände haben kein Dasein, sondern nur ein Sosein. Aber auch als Geisteswissenschaft ist die Mathematik nicht zu deklarieren. Dagegen spricht nicht nur ihre Methode, sondern auch ihre Wertblindheit. Und wenn andererseits die Philosophie sicher keine Naturwissenschaft ist (weder ihrem Gegenstande, noch ihrer Methode nach), so sind doch nur gewisse materiale Teile der Philosophie als Geisteswissenschaften anzusprechen, wogegen formale philosophische Disziplinen, wie vor allen Dingen die Logik, nur Sosein aufweisen und insofern (ähnlich wie die Mathematik) nicht ohne weiteres in obiges Schema (Natur- und Geisteswissenschaften, rein und angewandt) hineinpassen.

Einige Disziplinen können hinsichtlich ihrer Zurechnung zu den Natur- oder Geisteswissenschaften verschieden beurteilt werden. Zum Beispiel ist die Geographie im wesentlichen eine Naturwissenschaft, doch hat sie auch geisteswissenschaftliche Züge; und die Psychologie, die heutigentags meist als Geisteswissenschaft deklariert wird, hat doch auch naturwissenschaftliche Bestandteile, namentlich hinsichtlich der obwaltenden physiologischen Gesetze. —

Ein geschichtlicher Überblick über die hauptsächlichsten Wissenschaftseinteilungen soll uns die möglichen Gesichtspunkte vor Augen führen.

1. Platon (427—347 v. Chr.) teilt die Philosophie, die für ihn großenteils mit der Wissen-

schaft seiner Zeit identisch ist, nach den seelischen Grundkräften in Dialektik (Vernunft), Physik (Wahrnehmung) und Ethik (Wollen und Begehren) ein. Diese Einteilung wird später von der Stoa in der Form Logik/Physik/Ethik übernommen und bis in die neuere Zeit überliefert. Noch Kant hält an dieser Grundeinteilung fest, wenigstens für die Philosophie.

2. Aristoteles (384—322 v. Chr.) kommt von seiner Grundunterscheidung in theoretische und praktische Wissenschaften letztlich zum selben Ergebnis, wie aus dem nachstehenden Schema hervorgeht:

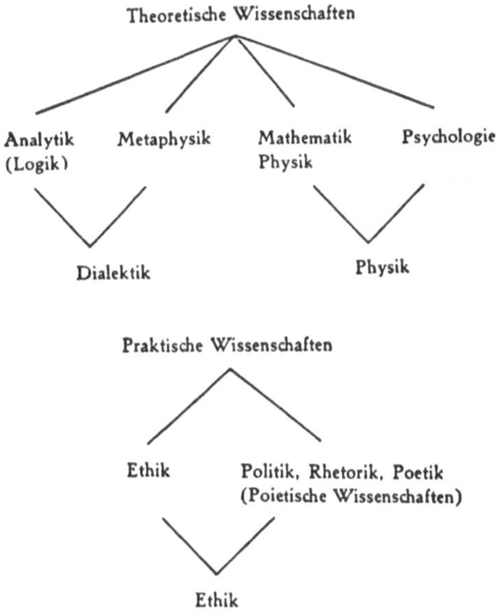

3. Francis Bacon von Verulam gelangt 1620 in seinem „Novum organum scientiarum“ zu einer Einteilung, welche nach Maßgabe der Seelenvermögen „Gedächtnis“ (historische Wissenschaften), „Phantasie“ (Poesie) und „Verstand“ (philosophische Wissenschaften) eingerichtet ist:

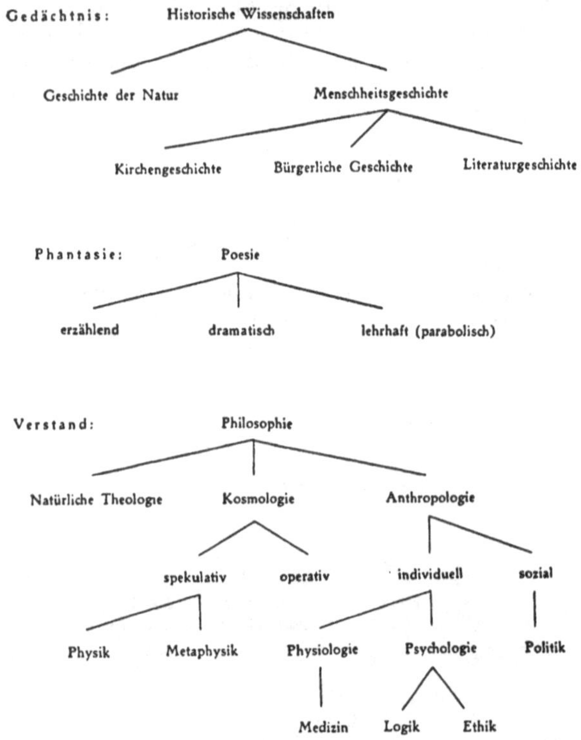

Dieselbe Einteilung legt übrigens d'Alembert der großen *Encyclopédie française* (1751—1780, 35 Bände) zugrunde: *Discours préliminaire*, 1751.

4. Comte (1798—1857) stellt nach Maßgabe zunehmender Konkretisierung und komplexer Erfüllung eine Reihe auf; an der Spitze steht als abstrakteste Wissenschaft die Mathematik:

Mathematik (Analysis, Geometrie)
Mechanik
Astronomie (mit Geologie, Mineralogie)
Physik
Chemie
Biologie (einschl. Botanik, Zoologie)
Psychologie
Soziologie

Entsprechend dem Drei-Stadien-Gesetz (siehe S. 48) seien die Wissenschaften bis herunter zur Chemie bereits in ihr positives Stadium eingetreten. Die Biologie stehe im Begriff, es zu tun; Psychologie und Soziologie müßten danach streben. Je abstrakter und einfacher ein Gegenstand sei, um so mehr überwiege die Deduktion über die Induktion; daß es sich nur um ein Überwiegen handelt, gälte auch für die Mathematik, deren Gegenstände nach Comte ebenfalls aus der Erfahrung stammen. In der Soziologie (das Wort stammt von Comte) könne das Verfahren fast rein induktiv sein; die Soziologie sei als Naturwissenschaft aufzubauen, denn das Gewinnen des positiven Stadiums bedeute, sich zum Range einer solchen zu erheben.

Herbert Spencer (1820—1903) gibt 1864 *(The*

classification of the sciences) eine ganz ähnliche Entwicklungsreihe:

Abstrakte Wissenschaften:	Mathematik
	reine Mechanik
Abstrakt-konkrete Wissensch.:	angewandte Mechanik
	Physik
	Chemie
Konkrete Wissenschaften:	Astronomie
	Geologie
	Biologie
	Psychologie
	Soziologie
	Ethik

Charakteristisch für das dem englischen Philosophieren eigentümliche praktische Interesse ist, daß Spencer dem (im übrigen übernommenen) Comteschen System eine Ethik angliedert.

Bezeichnend für ihn wie für Comte (und die meisten Positivisten) ist das mangelnde Verständnis für die Eigenständigkeit der Geisteswissenschaften, welche durch das aufgezwungene Schema der Entwicklung vom Abstrakten zum Konkreten nicht zur Auswirkung gelangen können.

5. Ein sehr weit differenziertes System der Wissenschaften mit den beiden Polen Einzelwissenschaften und Philosophie hat Wilhelm Wundt (1832—1920), der Begründer der experimentellen Psychologie, vorgelegt. Wundt, ein außerordentlich fruchtbarer philosophischer Schriftsteller, hat (neben umfangreichen psychologischen Werken) auch die philosophischen Hauptdisziplinen systematisch abgehandelt; besonders die *Logik* (1880/83, 5. Aufl. in vier Bänden, Stuttgart 1920/24) ist bekannt geworden.

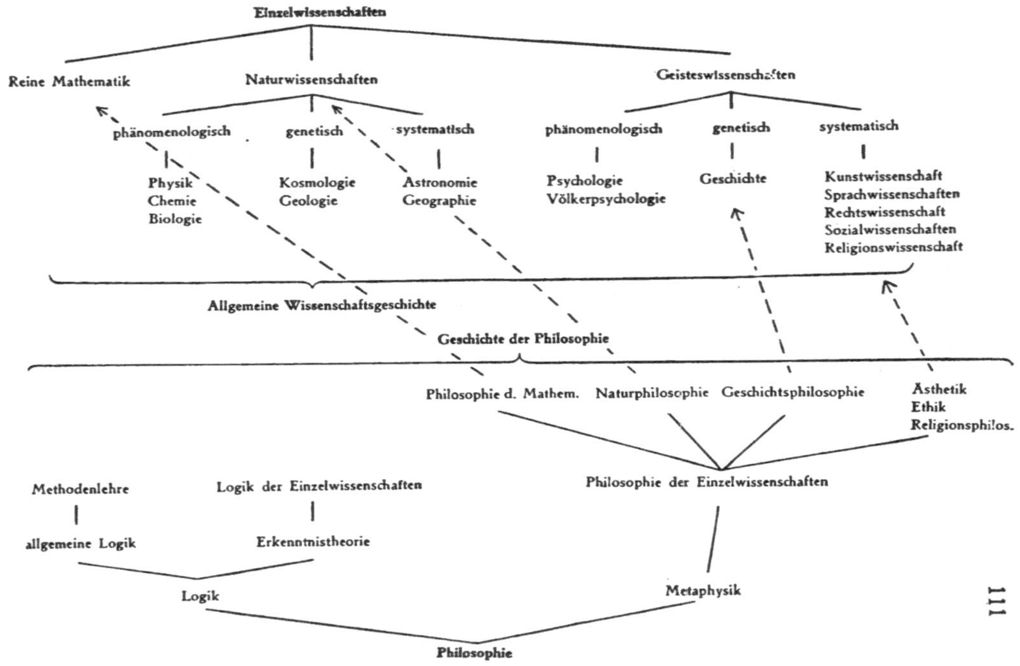

Einzelwissenschaften
Reine Mathematik
Naturwissenschaften
Geisteswissenschaften
phänomenologisch
genetisch
systematisch
Physik
Chemie
Biologie
Kosmologie
Geologie
Astronomie
Geographie
phänomenologisch
genetisch
systematisch
Psychologie
Völkerpsychologie
Geschichte
Kunstwissenschaft
Sprachwissenschaften
Rechtswissenschaft
Sozialwissenschaften
Religionswissenschaft
Allgemeine Wissenschaftsgeschichte
Geschichte der Philosophie
Philosophie d. Mathem.
Naturphilosophie
Geschichtsphilosophie
Ästhetik
Ethik
Religionsphilos.
Methodenlehre
Logik der Einzelwissenschaften
Philosophie der Einzelwissenschaften
allgemeine Logik
Erkenntnistheorie
Logik
Metaphysik
Philosophie

§ 2 Neuere Gesichtspunkte

Die seitherigen Einteilungen der Wissenschaften richteten sich nach den Gegenständen. Demgegenüber ist im Ausgang des 19. Jahrhunderts geltend gemacht worden, daß auch die Methoden berücksichtigt werden müßten.

1. Vorangegangen ist Wilhelm Windelband (1848—1915) in seiner Straßburger Rektoratsrede (1894) *Geschichte und Naturwissenschaft*. Hier werden zunächst als „Erfahrungswissenschaften" diejenigen angesprochen, „deren Aufgabe es ist, eine irgendwie gegebene und der Wahrnehmung zugängliche Wirklichkeit zu erkennen". Sie bedürfen neben allgemeinen logischen Voraussetzungen, die für jedes wissenschaftliche Denken gelten, einer „Feststellung von Tatsachen durch Wahrnehmung". Und nun werden — und das ist das charakteristisch Neue — diese Erfahrungswissenschaften nicht nach der Art dieser Tatsachen (Natur — Geist) unterschieden, sondern Windelband führt aus: „Die Erfahrungswissenschaften suchen in der Erkenntnis des Wirklichen entweder das Allgemeine in der Form des Naturgesetzes oder das Einzelne in der geschichtlich bestimmten Gestalt. Sie betrachten zu einem Teile die immer sich gleichbleibende Form, zum andern Teil den einmaligen, in sich bestimmten Inhalt des wirklichen Geschehens. Die einen sind Gesetzeswissenschaften, die anderen Ereigniswissenschaften; jene lehren, was immer ist, diese, was einmal war. Das wissenschaftliche Denken ... ist in dem einen Falle nomothetisch, in dem anderen idiographisch." Auf solche Weise begründet Windelband den methodischen Unterschied natur-

wissenschaftlicher und historischer Disziplinen und deklariert insofern z. B. die Psychologie als nomothetisch, obschon sie ihrem Gegenstande nach sicher eher eine Geisteswissenschaft als eine Naturwissenschaft ist. Der Unterschied liegt eben darin, daß die nomothetischen Disziplinen „Gesetze“ suchen, die idiographischen „Gestalten“. Auch manche Naturwissenschaften haben historische Züge, wie man früher ja die sogenannten beschreibenden Naturwissenschaften mitunter als „Naturgeschichte“ bezeichnete; man denke nur an gewisse Zweige der Geologie und Paläontologie. Andererseits gibt es auch unter den Geisteswissenschaften solche mit nomothetischen Zügen, außer der bereits erwähnten Psychologie z. B. die Nationalökonomie.

Hinsichtlich der Mathematik und Philosophie behauptet Windelband ihre Gegensätzlichkeit als „rationale“ Wissenschaften gegenüber den Erfahrungswissenschaften: „Es genügt für jetzt, ihre Gemeinsamkeit in der negativen Form auszusprechen, daß sie selbst nicht unmittelbar auf die Erkenntnis von etwas in der Erfahrung Gegebenen gerichtet sind, wenn auch die von ihnen gewonnenen Einsichten für diesen Zweck verwendet werden können und sollen.“

Insgesamt teilt Windelband also die Wissenschaften in rationale und Erfahrungswissenschaften ein, die letzten wiederum in nomothetische und idiographische.

2. Heinrich Rickert (1863—1936; *Kulturwissenschaft und Naturwissenschaft*, Tübingen 1899 u. ö.) führt unter voller Aufnahme des methodischen Gedankens Windelbands die gegenständliche Antithese neuartig durch: Eine Ein-

teilung der Wissenschaften nach dem Gegensatz von Natur und Geist sei nicht zu rechtfertigen; an seine Stelle habe der von Natur und Kultur zu treten. Dabei ist Natur der Begriff „des Daseins der Dinge, sofern es nach allgemeinen Gesetzen bestimmt ist". Dem Stoff nach ist „Natur der Inbegriff des von selbst Entstandenen, Geborenen und seinem eigenen Wachstum Überlassenen. Ihr steht die Kultur als das von einem nach gewerteten Zwecken handelnden Menschen entweder direkt Hervorgebrachte oder, wenn es schon vorhanden ist, so doch wenigstens um der daran haftenden Werte willen absichtlich Gepflegte gegenüber". Rickert will also die materiale Einteilung der Wissenschaften nach Gegenständen ihrer formalen Einteilung nach Methoden anpassen. Er setzt insofern der Natur die Geschichte im weitesten Sinne des Wortes entgegen. Es läßt sich zeigen, „daß zwischen den beiden Einteilungsprinzipien ein Zusammenhang insofern besteht, als eine für alle Kulturobjekte notwendige Betrachtung eben ihre Darstellung nach historischer Methode ist, und daß der Begriff dieser Methode sich zugleich aus dem Begriff der Kultur verstehen läßt". So spricht Rickert von gesetzlichen Naturwissenschaften und historischen Kulturwissenschaften. An Kulturobjekten haften Werte, von denen man nicht sagen kann, daß sie sind, sondern nur, daß sie gelten. Das Psychische gehört als seelisches Leben zur Natur, daher soll der Geist der Seele nicht gleichgesetzt werden.

3. Carl Stumpf hat als erster dargetan (*Zur Einteilung der Wissenschaften*, Abh. d. Pr. Ak. d. Wiss. a. d. J. 1906, Berlin 1907), daß es unmöglich

ist, mit einem einzigen Einteilungsgrunde auszukommen. Die Einteilungen der Wissenschaften „kreuzen sich in vielfacher Weise. Es gibt theoretische wie praktische, Tatsachen- wie Gesetzeswissenschaften, sowohl unter den Natur- wie unter den Geisteswissenschaften. . . . Das Charakteristische einer Wissenschaft kann nach dem einen Prinzip verschwinden oder nur durch späte Unterteilungen zutage kommen, während es nach einem anderen Prinzip sogleich in hellste Beleuchtung tritt. . . . Die Gegenstände der Wissenschaften liegen nicht wie konzentrische Kreise um einen einzigen Mittelpunkt, sondern bilden mehrere Wellensysteme, die, von selbständigen Mittelpunkten ausgehend, sich schneiden."

Stumpf nimmt die alte Scheidung in Natur- und Geisteswissenschaften wieder auf, rechtfertigt sie aber aus der Entgegensetzung von *Erscheinungen und psychischen Funktionen* (Abh. d. Pr. Ak. d. Wiss., Berlin 1907). „Erscheinungen" sind „die Inhalte der Sinnesempfindungen und die gleichnamigen Gedächtnisbilder, die bloß vorgestellten Farben, Töne usw.". „Psychische Funktionen" sind „das Bemerken von Erscheinungen und ihren Verhältnissen, das Zusammenfassen von Erscheinungen zu Komplexen, die Begriffsbildung, das Auffassen und Urteilen, die Gemütsbewegung, das Denken und Wollen".

Naturwissenschaften haben weder Erscheinungen noch psychische Funktionen zum Gegenstand, sondern „die aus den Erscheinungen erschlossenen, in raumzeitlichen Verhältnissen angeordneten Träger gesetzlicher Verbindungen". Ihre Grunddisziplin ist die Physik. Geisteswissenschaften haben unmittelbar das

Material der psychischen Funktionen zum Gegenstand, und zwar ist die Psychologie die Wissenschaft von den elementaren psychischen Funktionen, während die Staats- und Gesellschaftswissenschaften, die Sprach-, Religions- und Kunstwissenschaften usw. die Wissenschaften von den komplexen psychischen Funktionen darstellen.

Welche Disziplin handelt nun von den Erscheinungen? Sie kann weder Natur- noch Geisteswissenschaft sein und wird als „neutrale" Wissenschaft von den Erscheinungen von Stumpf „Phänomenologie" genannt (wobei zu bemerken ist, daß diese Disziplin mit der bekannten Husserlschen Lehre nur den Namen gemeinsam hat). Weitere neutrale Wissenschaften wären die „Eidologie", die von den Gebilden des Denkens handelt und z. B. die Logik einschließt; eine „allgemeine Verhältnislehre", die die einfachsten Verhältnisse auf allen Gebieten des menschlichen Erkennens zum Gegenstande hat; die „Metaphysik" als Erfahrungswissenschaft, wie sie jede Zeit als relativen Abschluß ihres Wissens braucht.

Neben die Einteilung nach Erscheinungen und psychischen Funktionen setzt Stumpf eine solche nach dem Begriff des realen Gegenstandes. Hier sind die Naturwissenschaften die Wissenschaften vom physisch Realen und die Geisteswissenschaften die vom psychisch Realen. Dann gehören Phänomenologie und Eidologie zur Psychologie und damit zu den Geisteswissenschaften, weil Erscheinungen und Gebilde zur psychischen Realität gehören. Die allgemeine Verhältnislehre wird Bestandteil der Metaphysik, welche als einzige Disziplin für beide Seiten des Realen gilt und insofern außerhalb steht.

Eine Einteilung nach individuellen und allgemeinen Gegenständen führt zur Abgrenzung von Tatsachen- und Gesetzeswissenschaften. Dabei ist eine „bloße Tatsache ... alles, was weder logisches noch psychologisches Gesetz ist". Man kann weder Tatsachen auf Gesetze, noch Gesetze auf Tatsachen zurückführen. Tatsachen sind individuelle Gegenstände. Um solche bemüht sich hauptsächlich die Geschichtswissenschaft. Der Historiker geht auf den individuellen, der Naturforscher auf den allgemeinen Zusammenhang. Die Sonderstellung des Geschichtlichen liegt darin begründet, daß die Geschichte auf unmittelbar Wertvolles geht. Die Tatsachenwissenschaften können nach dem Vorgange des Geographen A. Hettner (1905) noch in chronologische und chorologische unterteilt werden, die Gesetzeswissenschaften nach Struktur- und Kausalgesetzen.

Wenn man eine Einteilung nach homogenen und inhomogenen Gegenständen vornimmt, kann die Mathematik im Gegensatz zu den Erfahrungswissenschaften erfaßt werden. In der Mathematik wird eine apriorische Methode auf homogene Gegenstände in Anwendung gebracht. Das gilt nicht nur für Arithmetik, Algebra und Analysis, sondern auch in der Geometrie, die ja nicht den realen oder phänomenalen Raum betrifft, sondern auf abstrakt gewonnene und begrifflich erfaßte homogene Gegenstände geht.

Die Einteilung nach Seiendem und Seinsollendem schließlich führt zur Entgegensetzung von theoretischen und praktischen Wissenschaften. Die praktischen Disziplinen insbesondere lehren die Verwirklichung von Werten.

4. Erich Becher (*Geisteswissenschaften und Naturwissenschaften*, München u. Leipzig 1921) bemüht sich, die alte Unterteilung der Realwissenschaften in Natur- und Geisteswissenschaften zu rechtfertigen. Inbesondere ist die Metaphysik für ihn „die auf das Gesamtwirkliche eingestellte Realwissenschaft".

Becher diskutiert drei Einteilungsprinzipien, und zwar nach Gegenständen, Methoden und Erkenntnisgrundlagen. Er fußt vielfach auf Benno Erdmanns (1851—1921) Arbeiten: *Zur Gliederung der Wissenschaften* (Vierteljahrsschrift für wissenschaftliche Philosophie, Bd. 2, 1878); *Logik* (Halle/S. 1892, 3. Aufl. 1923), besonders werde hierin auf die „Einteilung der Gegenstände" aufmerksam gemacht.

Gegenüber Windelband und Rickert betont Becher, daß die Unterteilung der Wissenschaften nach Gegenständen die natürliche, „adäquate" ist. Bei den Methoden wird man hinsichtlich der Real- und Idealwissenschaften zu empirischen und apriorischen Disziplinen geführt, innerhalb der Realwissenschaften ist die Sinneswahrnehmung und die Selbst- (nebst Fremd-) Wahrnehmung den Natur- bzw. Geisteswissenschaften angepaßt. Das gleiche gilt hinsichtlich der Erkenntnisgrundlagen.

Becher schreibt (a. a. O., S. 47): „Im großen und ganzen muß ein gewisser Parallelismus bestehen zwischen den Gegenständen, den sie betreffenden Methoden und ihren Ausgangspunkten, den Erkenntnisgrundlagen. ... Wenn aber Einteilungen nach Gegenständen, nach Methoden und nach Erkenntnisgrundlagen sich decken, so spricht dies gewiß entschieden für ihren adäquaten Charakter. Derart günstig liegen die Verhältnisse bei der Einteilung des Wissenschaftsreiches in Ideal- und Realwissenschaften, sowie bei Gegenüberstellung von Geistes- und Naturwissenschaften innerhalb der letzteren."

5. Paul Tillich (geb. 1886; *Das System der Wissenschaften nach Gegenständen und Methoden*, Göttingen 1923) hat drei Grundeinteilungen in Denk- oder Idealwissenschaften, Seins- oder Realwissenschaften, Geistes- oder Normwissenschaften. Dieses Prinzip erfährt seine Begründung dadurch, daß jeder Wissensakt ein doppeltes enthält, den Akt als solchen und das, worauf er sich richtet, das Meinen und das Gemeinte, „Denken" und „Sein". Das Denken ist der Akt, der auf das Sein gerichtet ist, und es sind drei Formen des Verhältnisses zwischen Denken und Sein möglich: Entweder ist das Sein Denkbestimmung (der Satz des absoluten Denkens) oder das Sein ist Widerspruch des Denkens (der Satz des absoluten Seins) oder schließlich das Denken ist selbst Sein (der Satz des Geistes). Nach diesen drei Verhältnissen wird folgendes Schema entwickelt:

I. Denk- oder Idealwissenschaften
  A. Logik
  B. Mathematik

II. Seins- oder Realwissenschaften
  A. Die Gesetzeswissenschaften
    1. Die autogene Linie der physikalischen Wissenschaften
      a) Die mathematische Physik
      b) Mechanik und Dynamik
      c) Chemie und Mineralogie

2. Die heterogene Linie der physikalischen Wissenschaften

Geologie und Geographie

B. Die Gestaltwissenschaften

1. Die organischen Wissenschaften
    a) Biologie
    b) Psychologie
    c) Soziologie

2. Die technischen Wissenschaften
    a) Die umgestaltende Technik
        α) Physikalische, chemische, mineralogische Technik
        β) Pharmazeutik
        γ) Bergbautechnik
        δ) Verkehrs- und Bautechnik
    b) Die entfaltende Technik
        α) Medizin, Veterinärmedizin, Landwirtschaft
        β) Psychotechnik und Pädagogik
        γ) Publizistik, Staatswissenschaften

C. Die Folgewissenschaften

1. Geschichte
2. Ethnologie
3. Sprachwissenschaften und Philologie

III. Geistes- oder Normwissenschaften

A. Die theoretische Reihe

1. Erkenntnistheorie
2. Ästhetik
3. Metaphysik

B. Die praktische Reihe

1. Rechtswissenschaft
2. Ethik
3. Religionsphilosophie

Angemerkt sei, daß die Dreiteilung bei Tillich an die antike Unterteilung in Logik, Physik und Ethik gemahnt (s. S. 107).

6. Eigenartig ist die von Carl Wilhelm Clauberg (geb. 1893) und Walter Dubislav (1895 bis 1937) in ihrem *Systematischen Wörterbuch der Philosophie* (Leipzig 1923) veröffentlichte Einteilung der Wissenschaften. Sie fußt auf folgender Einteilung der Gegenstände:

Wenn ein Gegenstand wahrnehmbar ist, heißt er „real" und die zugehörigen Wissenschaften „Realwissenschaften" (Naturwissenschaften im ersten Sinne: N_1). Ein nicht-wahrnehmbarer Gegenstand wird „ideal" genannt: „Idealwissenschaften" (Geisteswissenschaften im ersten Sinne: G_1). Reale Gegenstände sind entweder „psychisch": „Psychische Wissenschaften" (Geisteswissenschaften im zweiten Sinne: G_2) oder nicht-psychisch, dann heißen sie „physisch im weiteren Sinne": „Physische Wissenschaften" (Naturwissenschaften im zweiten Sinne: N_2). Diese physischen Gegenstände im weiteren Sinne sind entweder „physisch im engeren Sinne" (Naturwissenschaften im eigentlichsten Sinne des Wortes: N_3) oder „organisiert" (Geisteswissenschaften im eigentlichsten Sinne des Wortes: G_3).

Unter Benutzung dieses Einteilungsprinzips entsteht folgendes nach Gegenständen geordnetes System der Wissenschaften (nur auszugsweise wiedergegeben):

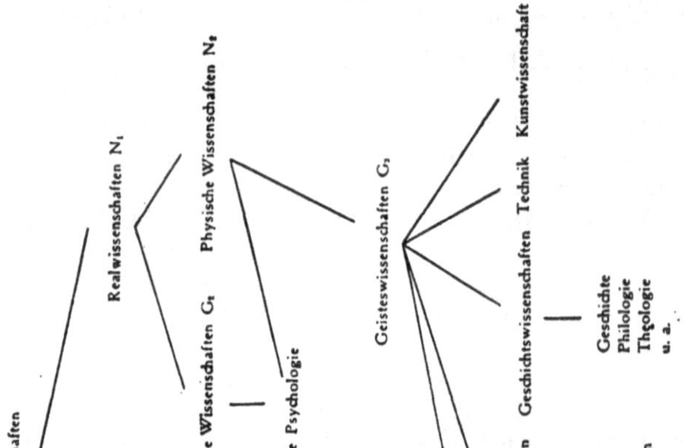

7. August Messer unterteilt (1927) zunächst nach Seins- und Wertwissenschaften. Die Gegenstände der Seinswissenschaften werden

unabhängig vom erkennenden Subjekt angenommen, wogegen bei den Wertwissenschaften ein werthaltendes Subjekt und ein bewerteter Gegenstand vorausgesetzt werden.

Wenn die Gegenstände der Seinswissenschaften unabhängig vom Gedachtwerden existieren, spricht Messer von Realwissenschaften, welche, wie üblich, in die Natur- und Geisteswissenchaften unterteilt werden; dabei erfolgt innerhalb jeder Gruppe eine Gliederung in systematische und genetische Disziplinen. Die systematischen Disziplinen gehen auf das Gesetzmäßige, während die genetischen Disziplinen die Entstehung und Entwicklung ihrer Gegenstände untersuchen. Unter die Realwissenschaften rechnet Messer auch die Metaphysik; diese suche hypothetisch Wesen, Grund und Zusammenhang des Wirklichen in seiner Gesamtheit zu erkennen.

Die Idealwissenschaften als die zweite Hauptgruppe der Seinswissenschaften haben es nur mit gedachten Gegenständen zu tun, Musterbeispiel ist die Mathematik. Aber auch die „Normwissenschaften", wie reine Logik und reine Ethik, gehören hierher; denn Normen sind etwas Gedachtes. Man kann die Idealwissenschaften auch Formalwissenschaften nennen.

Der normative Charakter der Idealwissenschaften leitet über zu den Wertwissenschaften. Denn die Werte als Ideale üben einen regulierenden und normierenden Einfluß aus, so daß man die eigentlichen Wertwissenschaften als Grundlage der Normwissenschaften ansehen kann. (Zu den Werturteilen tritt ein Willensmoment hinzu, wenn wir sie als Normen fassen.)

Grundlegend ist eine „allgemeine Wertlehre“ (Axiologie), welche die Aufgabe hat, den Begriff des Wertes näher zu bestimmen. Da Werte ein werthaltendes Subjekt und ein bewertetes Objekt voraussetzen, ergeben sich zwei große Untersuchungsgebiete. Den verschiedenen Arten der Werthaltung entsprechen ebensoviele Wertklassen. Hier entspringen etwa die Nationalökonomie (wirtschaftliche Werte), die Ästhetik (das Schöne), die Ethik (das Gute), die Religionsphilosophie (das Heilige).

Wenn man die Bedingungen über die Verwirklichung von Werten zum Gegenstand wissenschaftlicher Untersuchung macht, gelangt man zu den angewandten, praktischen, technischen Wissenschaften („Kunstlehren“). Hierzu gehören nicht nur die Technik im engeren Sinne, sondern z. B. auch die Land- und Forstwirtschaftslehre, die Handelswissenschaften, die Pädagogik.

8. Hält man sich die Gesamtheit des heute Gewußten, soweit es in eigenen Disziplinen vertreten ist, vor Augen, so gelangt man zu folgender Einteilung. Hierbei ist hinsichtlich des Zweckes der Wissenschaften nach reinen und angewandten Disziplinen unterteilt, hinsichtlich der Gegenstände nach Idealwissenschaften und Realwissenschaften und innerhalb der letzteren nach Naturwissenschaften, Geisteswissenschaften und der Metaphysik im weiteren Sinne. Auf solche Weise werden auch Mathematik und Philosophie eingeschlossen, und es steht überhaupt keine an

den heutigen Hochschulen vertretene Disziplin außerhalb des Schemas:

	Reine Wissenschaften	Angew. Wissenschaft.
A. Idealwissenschaften	Logik Mathematik (formale) Ethik (formale) Ästhetik	
B. Realwissenschaften		
1. Naturwissenschaften	Physik, Astronomie Chemie, Mineralogie	Technik im engeren Sinne
	Geologie	Bergbau und Hüttenwesen
	Geographie	Verkehrswesen
	Paläontologie Biologie:	
	Botanik	Pharmazie, Forstwissenschaft
	Zoologie	Landwirtschaftslehre, Veterinärmedizin
	Anthropologie	Medizin
	erklärendePsychologie	Psychotechnik
2. Geisteswissenschaften	verstehende Psychologie	Pädagogik
	Soziologie Rechtswissenschaft Staatswissenschaften Volkswirtschaftslehre	 Publizistik Betriebswirtschaftslehre
	Geschichte (im weitesten Sinne) Volks- u.Völkerkunde	
	Sprachwissenschaften Literaturwissenschaft	
	Kunst- u. Musikwissenschaft	
	Religionswissenschaft	
3. Metaphysik	Ontologie Erkenntnistheorie Naturphilosophie Kulturphilosophie	

Kapitel VII
Wissen, Glauben, Weltanschauung

Die Grundfrage ist, ob der Glaube eine Erkenntnisquelle darstellt. In welchem Verhältnis stehen die vom Glauben eventuell vermittelten Erkenntnisse zu den wissenschaftlichen? Entspricht die Auffassung des Glaubens als einer Erkenntnisquelle den Ansichten der religiös Gläubigen, und ist eine solche Auffassung verstandesmäßig zu rechtfertigen?

Der religiöse Glaube stellt sich für uns vornehmlich in den Lehren der beiden großen christlichen Konfessionen dar. Im Interesse konkreter Unterlagen legen wir unseren Ausführungen daher die katholische und evangelische Lehrmeinung zugrunde. Es versteht sich von selbst, daß unsere Aufgabe hier eine rein philosophische ist und insofern das kritische Moment voransteht; doch sei ausdrücklich betont, daß weder der Wert der Religion vermindert noch eine konfessionelle Bevorzugung ausgedrückt werden soll, wir uns zudem auf die Diskussion des Verhältnisses von Wissen und Glauben beschränken.

Eine Glaubensüberzeugung, auch wenn sie nicht auf religiöser Basis ruht, ist Ausdruck einer Weltanschauung. Deshalb soll abschließend das Verhältnis von Philosophie und Weltanschauung in erkenntnistheoretischer Absicht kurz diskutiert werden.

§ 1 Die katholische Auffassung

Es handelt sich hier vorwiegend um die Entscheidungen „De fide catholica" des Vatikanischen Konzils vom 24. April 1870. (Man findet sie abgedruckt bei H. Denzinger, *Enchiridion symbolorum et definitionum*, 12. Aufl., Freiburg/Br. 1913.)

Hiernach ist der Glaube „ein zweifelloses Fürwahrhalten alles dessen, was Gott geoffenbart hat und weil er es geoffenbart hat". Der Glaube ist „eine übernatürliche Tugend, durch die wir mit Beistand und Hilfe der göttlichen Gnade alles von Gott Geoffenbarte für wahr halten, nicht weil wir mit dem Lichte der natürlichen Vernunft seine innere Wahrheit durchschauen, sondern wegen der Autorität Gottes, der es geoffenbart hat und der weder irren noch in Irrtum führen kann".

Nach katholischer Auffassung ist der Glaube also eine Art Erkenntnis. Er erstreckt sich auf alle Wahrheiten und macht keinen Unterschied zwischen wesentlichen und unwesentlichen. Motiv des Fürwahrhaltens ist die untrügliche Autorität Gottes.

Woran erkennt man nun, was zur göttlichen Offenbarung gehört? Nicht auf Grund persönlicher Überzeugung, auch nicht aus der Bibel (soweit der Laie sie interpretiert), sondern: alles, was das durch Christus eingesetzte kirchliche Lehramt mit höchster Autorität als geoffenbarte Wahrheit lehrt, hat der Katholik zu glauben, freilich nicht deshalb, weil die Kirche es lehrt, sondern weil Gott, die ewige Wahrheit, es geoffenbart hat; das Ansehen der Kirche gibt ihm nur die sichere Bürgschaft, daß etwas zur göttlichen Offenbarung gehört.

Weil auf solche Weise der Glaube Gott nur mittelbar, unmittelbar aber der Kirche beigebracht wird, muß die Kirche den geforderten Glaubensgehorsam dadurch rechtfertigen, daß sie den Nachweis ihres göttlichen Auftrags vor dem Richterstuhl der natürlichen Vernunft erbringt („rationabile obsequium"). Dieser Nachweis ist die Aufgabe der Fundamentaltheologie (Apologetik) und erfolgt in den „praeambula fidei". Hier wird dargetan, daß der Glaube an das, was endliche Vernunfteinsicht übersteigt, dann nicht unvernünftig ist, wenn die Kirche die Glaubwürdigkeit überzeugend dargetan hat. Hierfür gibt es grundsätzlich zwei Wege: den philosophischen, der zur Widerlegung von Atheismus und Pantheismus führt, und den historischen, welcher die Offenbarung Gottes im „Alten Bund" und in Christus aufweist und ferner zeigt, daß Christus die katholische Kirche begründet und durch seinen Beistand befähigt hat, die göttliche Offenbarung zu bewahren und auf Erden zu verbreiten.

Nach katholischer Auffassung ist ein Widerspruch zwischen Wissen und Glauben ausgeschlossen; denn in der Wissenschaft (einschließlich Philosophie) erkennt der Mensch die „natürliche", im Glauben die „übernatürliche" Offenbarung Gottes. Wissen und Glauben sind miteinander verträglich. Steht ein Satz als von Gott geoffenbart fest, so ist jede ihm anscheinend widersprechende wissenschaftliche Behauptung falsch; ist umgekehrt etwas zweifelsfrei wissenschaftlich als richtig erkannt (z. B. mathematische Wahrheiten), so kann nichts dem Widersprechendes als geoffenbart hingestellt werden. Scheinbare Widersprüche entstehen entweder durch falsche Dogmenauslegung oder dadurch, daß bloße wissenschaftliche Hypothesen bereits als sichere Ergebnisse hingestellt werden. (Zum Beispiel mußte die kopernikanische Lehre von der Erddrehung bis zur Aufstellung des allgemeinen Gravitationsgesetzes durch Newton 1687 als Hypothese angesehen werden, daher der Konflikt mit Galilei.)

Der Glaube ist für die Wissenschaft zunächst nur eine negative Norm: er zeigt ihr, was unzweifelhaft falsch ist. Wenn die Kirche aber darüber hinaus von der Wissenschaft fordert, sie solle die Grundlagen des Glaubens beweisen, gibt sie auch positive Normen. (Man vergleiche die Fassung des theologischen Eides seit 1910, wonach anzuerkennen ist, „daß Gott, der Eine und Wahre, unser Schöpfer und Herr, durch die geschaffenen Dinge mit dem natürlichen Licht der menschlichen Vernunft mit Sicherheit erkannt und bewiesen werden könne". Und ferner: „Damit der Dienst unseres Glaubens der Vernunft entsprechend sei, wollte Gott mit den inneren Einwirkungen des heiligen Geistes auch äußere Beweise der Offenbarung verbinden, nämlich göttliche Taten und vor allem Wunder und Weissagungen, welche als klare Erweise seiner Allmacht und Allwissenheit völlig sichere und der Fassungskraft eines jeden angemessene Zeichen der göttlichen Offenbarung sind.")

Wie steht es aber mit dem Zweifel, besonders wenn er grundsätzlicher Art ist? Hier heißt es: „Diejenigen, die den Glauben unter dem Lehramt der Kirche angenommen haben, können keinen rechtmäßigen Grund haben, ihren Glauben zu ändern oder ihn in Zweifel zu ziehen", und ferner: „Wenn jemand sagt, die Gläubigen befänden sich in der gleichen Lage mit jenen, welche noch nicht zum allein wahren Glauben gelangt sind, so daß die Katholiken einen gerechten Grund haben könnten, den Glauben, welchen sie unter dem Lehramt der Kirche bereits angenommen haben, solange mit einstweiliger Zurückhaltung ihrer Zustimmung in Zweifel zu ziehen, bis sie den wissenschaftlichen Beweis der Glaubwürdigkeit und der Wahrheit des Glaubens würden zu Ende geführt haben, so sei er im Bann."

Dem Katholiken ist nur der methodische Zweifel gestattet, welcher aber im Grunde fiktiv ist und auf den Nachweis der Schwäche des eigenen Erkenntnisvermögens hinausläuft.

Wird nicht durch die der Kirche überantwortete Ermächtigung, bestimmte Lehren vorzuschreiben und andere zu verbieten, die Freiheit der Wissenschaft beschränkt? Dem wird von kirchlicher Seite entgegengehalten, daß der höchste Wert der Wissenschaft nicht die Freiheit, sondern die Wahrheit ist. Die Kirche beschränke der Wissenschaft die Freiheit nur hinsichtlich der Möglichkeit, in Irrtum zu fallen. Diese Freiheit sei aber kein Vorzug, sondern ein Mangel.

Der große Unterschied liegt eben darin, daß Wissenschaft und Philosophie die Erkenntnis der Wahrheit erst als eine in unendlicher Annäherung erfüllbare Forderung ansehen, während die Kirche im „unfehlbaren Lehramt" diese Aufgabe als gelöst betrachtet.

Weiterführende Literatur: G. v. Hertling, *Das Prinzip des Katholizismus und die Wissenschaft*, Freiburg/Br. 1899. — Ph. Kneib, *Wissen und Glauben*, 2. Aufl., Mainz 1905. — V. Cathrein, *Glauben und Wissen*, 5. Aufl., Freiburg/Br. 1911. — A. Messer, *Glauben und Wissen*, 3. Aufl., München 1924. — A. Messer und M. Pribilla, *Katholisches und modernes Denken*, Stuttgart 1924.

§ 2 Die protestantische Auffassung

Während die katholische Kirche auf den Nachweis der Übereinstimmung von Wissen und Glauben ausgeht, versucht der Protestantismus Widerprüche der religiösen Lehren mit den Ergebnissen der Wissenschaft dadurch auszuschließen, daß er Wissen und Glauben als grundsätzlich v e r s c h i e d e n erweist. Auch wird „Glaube" von katholischer Seite enger gefaßt als im Protestantismus. Der Katholik bezieht den Glauben vorwiegend auf die theoretische Seite der Religion und stellt die weiteren christlichen Tugenden „Liebe" und „Hoffnung" daneben. Demgegenüber ist für den Protestanten der Glaube nicht so sehr eine Erkenntnis, als vielmehr eine sich im Fühlen und Wollen vollziehende Aneignung, eine persönliche Beziehung zu Gott.

Die katholische Kirche wertet das Fürwahrhalten auf Autorität hin viel höher als der Protestantismus, welcher der autoritativen Forderung nur pädagogische Bedeutung (etwa für Jugendliche) beimißt. Vom erwachsenen Protestanten wird hingegen gefordert, daß er nur das als wahr bekennt, von dessen Richtigkeit er sich durch e i g e n e s inneres Erleben überzeugt hat. Daher wird dem protestantischen Laien die Benutzung der Bibel sogar nahegelegt.

Die innerhalb des Protestantismus zutage getretenen Richtungen des „liberalen" und „positiven" (orthodoxen) Christentums haben zwar gelegentliche Meinungsverschiedenheiten über den Umfang derjenigen Glaubensinhalte hervorgerufen, welche lehrhaft erfaßt werden können; doch stimmen beide Richtungen im Prinzip darin überein, daß Wissen und Glauben völlig voneinander getrennt werden müssen: Während der Glaube nicht die Lösung wissenschaftlicher Fragen beanspruchen soll, kann von der Wissenschaft nicht der Erweis oder die Widerlegung des religösen Glaubens gefordert werden. (Auch die in jüngster Zeit hervorgetretene „dialektische Theologie“ tritt, z. T. in überspitzt paradoxer, kulturfeindlicher Form, für die Trennung von Wissen und Glauben ein.)

Die Gründe für die Rechtfertigung der Scheidung von Wissen und Glauben sind teils psychologischer, teils erkenntnistheoretischer Art:

1. Der Glaube als Betätigung des Gefühls. Hier knüpft man an Schleiermachers „schlechthinniges Abhängigkeitsgefühl“ an. Nun haben Gefühle sicher große Bedeutung für das Glaubensleben; die Frage ist jedoch, ob der Glaube lediglich in ihnen ruht. Gefühle beziehen sich auch auf ein Objekt, stehen also in Verbindung mit dem Gegenstandsbewußtsein, wodurch eine Beziehung zum Verstandesmäßigen hergestellt ist. Wenn die Kirche hiergegen einwendet, daß solche Beziehungen nur empirisch von Fall zu Fall aufgezeigt werden, also nicht streng allgemein gelten, so daß der eigentlich religiöse Glaube doch im Gefühl wurzelt, so muß daraus geschlossen werden, daß der Inhalt des Gegenstandsbewußtseins, soweit er sich mit dem Gefühl verbindet, für den Glauben nicht in Betracht kommt. Auf diese Weise wird zwar jeder Konflikt zwischen Wissen und Glauben ausgeschlossen, aber zugleich zugegeben, daß der christliche Glaube mit jeder Weltanschauung, also auch z. B. einer atheistischen, verträglich ist. Dergleichen Haltung kann aber doch sicher nicht mehr als Christentum angesprochen werden.

Der Gläubige meint zudem mit Gott ein existierendes Wesen, so daß der Rückzug auf emotionale Werturteile (gegenüber intellektuellen Seinsurteilen) nicht angängig erscheint. Mit dem gegenständlichen Inhalt des Glaubens ist nun einmal ein Seinsurteil gesetzt und dadurch die unterstellte Trennung des Wissens vom Glauben illusorisch gemacht. Selbst die dialektische Theologie, für welche Gott „das ganz Andere", „Unbekannte" ist, macht doch andererseits über ihn und sein Verhältnis zur Welt eine Fülle von Aussagen.

2. Der Glaube als subjektives Erlebnis wird hinsichtlich seines Geltungswertes dem allgemeingültigen Wissen gegenübergestellt. Man gründet den Glauben also auf individuelle Erlebnisse. Wenn jedoch Gott als Inhalt solcher Erlebnisse kein reines Phantasieprodukt sein soll, werden wiederum Seinsurteile vollzogen. Und selbst hinsichtlich der „subjektiven" Gewißheit des Erlebnisses muß dargetan werden, daß diese stets Gewißheit „von etwas" ist, sich also auf Gegenständliches bezieht. Wenn man aber sogar solche Beziehung verneint, muß doch mindestens die Subjektivität als bloße Subjektivität nachgewiesen werden. Eine solche Subjektivität trägt dann freilich keinerlei verbindlichen Charakter.

3. Der Glaube als Postulat der praktischen Vernunft. In dieser Hinsicht sind die Auffassungen Kants grundlegend. Sie sind auf theologischer Seite von Albrecht Ritschl (1822—1889) und Hermann Siebeck (1842 bis 1920) übernommen und ausgestaltet worden. Kant spricht der theoretischen Vernunft das Vermögen ab, Urteile über transzendente Fragen zu gewinnen, und bekämpft daher die aprioristische

Metaphysik etwa eines Spinoza, Leibniz, Wolff. Dagegen bejaht Kant das Vorhandensein eines sittlichen Bewußtseins, welches er „praktische Vernunft" nennt. Zunächst versichert das unbedingte Gebot des Sittengesetzes („kategorischer Imperativ") uns der Freiheit: wir „sollen" unbedingt, also müssen wir auch „können". Und da in diesem Leben keine volle Erfüllung zu erwarten ist, muß die Seele unsterblich sein, damit die Harmonie von Tugend und Glück hergestellt wird. Bewirkt werden kann diese Harmonie nur durch ein allmächtiges Wesen: Gott. So werden Freiheit des Willens, Unsterblichkeit der Seele und Existenz Gottes als „Postulate der praktischen Vernunft" hingestellt. Die theoretische Vernunft kann diese Postulate weder begründen noch widerlegen, da sie nicht in die transzendente Region des Seins hineinreicht. —

Der Ausweg, daß man wegen der Begrenztheit des Wissens das Recht herleitet zu handeln, „als ob" ein Gott existierte, dürfte wenig Beifall finden. Denn eine Fiktion als Grundlage des Glaubens vermindert seinen Wert auch in subjektiver Hinsicht, ganz abgesehen davon, daß auf solche Weise der Moral eine schlechte Stütze erwächst.

Der grundlegende Unterschied der protestantischen Auffassung vom Wissen und Glauben zu ihrer philosophischen Bewertung ist ein formaler und liegt darin, daß das Wissen sich vielfach mit wahrscheinlicher Geltung begnügen muß (man denke an naturwissenschaftliche und historische Hypothesen), während der Glaube unbedingte Sicherheit beansprucht.

Deswegen wird für den konsequent Denkenden der Kampf zwischen Wissen und Glauben wohl andauern müssen, solange beide Geistesmächte ihr Feld behaupten. Und es ist nicht wahrscheinlich, daß auch nur eine von ihnen zurückweicht; denn nicht nur die Wissenschaft wird bleiben, sondern auch die Religion, und zwar um dessentwillen, weil sie gegen das Wertwidrige angeht und insofern lebenserhaltend wirkt. —

So scheint für eine theoretisch wie praktisch befriedigende Klärung des Verhältnisses von Wissen und Glauben nur folgender Ausweg zu bestehen: Man muß den Glauben, statt ihn in seiner Selbstgewißheit zu belassen, mit dem Geiste des Suchens und Strebens erfüllen, wie er auch in der Wissenschaft zu Hause ist. Der Glaube darf nicht in erster Linie als ein „Fürwahrhalten" angesehen werden, noch soll man von „Glaubenspflicht" reden, sondern das Ringen nach innerer Wahrhaftigkeit wäre als die Seele jedes echten religiösen Glaubens anzusehen. Auf diese Weise wird auch erreicht, daß eine wissenschaftliche Prüfung des Inhalts und der Grundlagen des Glaubens mit sachlicher Ruhe vorgenommen werden kann und niemand zu fürchten braucht, sich durch Zweifel oder Kritik zu versündigen.

So haben Wissen und Glauben einerseits Gemeinsamkeiten, andererseits aber auch Unterschiede. Sie unterscheiden sich nach Inhalt und Umfang hinsichtlich des seelischen Bewußtseins; sie stimmen überein in dem Wege zu der einen Wahrheit, und beider Methode ist die des Suchens und Strebens.

Dieser Ausgleich vermittelt auch zwischen katholischer und protestantischer Auffassung: Dem Katholizismus wird Recht gegeben hinsichtlich des Ziels einer schließlichen Übereinstimmung von Wissen und Glauben, vom Protestantismus wird der Weg der persönlichen (nicht autoritativen) Rechtfertigung übernommen. Die katholische Anschauung des Verhältnisses von Wissen und Glauben liefert den Inhalt, die protestantische die Methode.

Weiterführende Literatur: L. Ihmels, *Die christliche Wahrheitsgewißheit,* Leipzig 1901. — E. Troeltsch, *Psychologie und Erkenntnistheorie in der Religionswissenschaft,* Tübingen 1905. — P. Wernle, *Einführung in das theologische Studium,* 3. Aufl., Tübingen 1921. — K. Heim, *Glaubensgewißheit,* 3. Aufl., Halle/S. 1923. — H. Scholz, *Religionsphilosophie,* 2. Aufl., Berlin 1923.

§ 3 Zum Problem der Weltanschauung

Die Behandlung dieser Frage ist nicht nur durch die vorhergehende Erörterung des Verhältnisses von Wissen und Glauben geboten, sondern auch um dessentwillen, weil die von Dilthey *(Weltanschauungslehre* in: Gesammelte Schriften, VIII. Band, Leipzig u. Berlin 1931) gegebene Typologie der Weltanschauungen in gewisser Verbindung mit den erkenntnistheoretischen Hauptrichtungen steht. Dilthey unterscheidet den „philosophischen Naturalismus" (repräsentiert etwa durch Demokrit, Epikur, Hobbes, Comte), den „objektiven Idealismus" (Heraklit, die Stoa, Spinoza, Leibniz, Schelling, Hegel) und den „Idealismus der Freiheit" (Platon, Kant, Fichte).

Das Wort „Weltanschauung“ stammt aus dem Kreise der Romantiker. Friedrich Schleiermacher (1768—1834) benutzt es in seinen *Vorlesungen über Pädagogik* (1813, erschienen erst 1849), und zwar faßt er unter „Welt“ bereits die natürliche und die geschichtliche Wirklichkeit zusammen; in der „Weltanschauung“ eines Individuums wird dann „die Totalität aller Eindrücke zu einem vollständigen Ganzen des Bewußtseins... gesteigert“.

Welches ist nun der Unterschied der „Weltanschauung“ vom „Weltbild“? Zunächst muß gesagt werden, daß der Terminus „Weltbild“ leider häufig unter Beschränkung auf die natürliche Seite der Wirklichkeit zur Verwendung gelangt und so eine verengte Bedeutung gewinnt, für die das Wort „Naturbild“ angemessener wäre. So spricht man einerseits gern vom astronomischen, physikalischen, biologischen (allgemein: naturwissenschaftlichen) Weltbild, andererseits aber auch vom Weltbild Dantes, der Reformation, der Aufklärungszeit. Um Mißverständnisse zu vermeiden, sollte man unter „Welt“ in beiden Termini (Weltbild und Weltanschauung) stets den Gesamtbereich des „mundus sensibilis atque intelligibilis“ verstehen, um mit Kant zu reden. Jaspers (geb. 1883) nennt das Weltbild die „Gesamtheit der gegenständlichen Inhalte, die ein Mensch hat“. Mit dem Hinweis auf die Gegenständlichkeit wird eine objektive Bestimmtheit ausgedrückt, und in der Tat trägt das Weltbild einer Epoche, auch wenn es einer einzelnen Persönlichkeit zugeschrieben wird, stets einen verbindlichen Charakter.

Wie trennt man nun „Weltbild" und „Weltanschauung"? Es wird erstens im Begriff „Weltanschauung" (im Gegensatz zum „Weltbild") etwas Aktives zum Ausdruck gebracht, der Vollzug einer Tätigkeit: eine „Anschauung" denkt man sich im Werden begriffen, ein „Bild" liegt fertig vor. Damit hängt der Charakter des Individuellen und Spontanen zusammen, der einer Weltanschauung eignet, und die Hinwendung zu den Gestaltungsformen des praktischen Lebens und seinen Tendenzen. Es kann insofern nicht verwundern, daß der Wert einer Weltanschauung vornehmlich im Reiche des Politischen und des Religiösen herausgestellt wird. Nicht nur die religiösen Gemeinschaften geben das Gefüge ihrer Lehren unter jenem Terminus wieder, sondern ebensosehr auch die politischen Mächte.

Eine Weltanschauung ist zweitens von *subjektiven* Entscheidungen abhängig und wird meist nur von einer Gruppe von Individuen als maßgeblich anerkannt, die jener Anschauung zustimmen. Das geschieht meist aus *irrationalen* Motiven heraus. Die erkenntnistheoretische Frage „quid iuris?" wird bewußt nicht gestellt.

Man könnte daher *„Weltanschauung"* folgendermaßen *definieren*: „Unter Weltanschauung versteht man eine, nicht notwendig aus rationalen Erwägungen heraus resultierende Betrachtungsweise der Gesamtwirklichkeit, die jeweils nur einer solchen Menschengruppe eignet, deren Glieder jenen Erwägungen zustimmen."

Setzt man nun *Philosophie und Weltanschauung* als Ganzheiten miteinander in Verbindung, so bestehen, wenn man die Inhaltsfremdheit von Philosophie und Weltanschauung als nicht zutreffend abweist, grundsätzlich drei Möglichkeiten:

1. Weltanschauung ist gleich Philosophie.
2. Die Weltanschauung ist in der Philosophie enthalten.
3. Die Philosophie ist umgekehrt Bestandteil der Weltanschauung.

Da wir die Philosophie als eine wissenschaftliche Disziplin von objektiver Geltung anzusehen haben, eine Weltanschauung jedoch (obiger Definition zufolge) weitgehend von subjektiven Entscheidungen getragen wird, können diese beiden Gebiete einander nicht gleichgesetzt werden. Ebensowenig kann zugegeben werden, daß einer Wissenschaft Bestandteile angehören, für welche die kritische Frage „quid iuris?" nicht gestellt werden darf. Damit erledigt sich der Einschluß der Weltanschauung in die Philosophie.

Da es, wie schon erwähnt, nicht angeht, Philosophie und Weltanschauung als inhaltsfremd anzusehen (hiergegen spricht bereits das Vorhandensein einer Metaphysik als philosophischer Disziplin), bleibt nur die dritte Möglichkeit übrig, die Philosophie der Weltanschauung einzuordnen. Man kann die Grenzregulierung so vornehmen, daß man einer Weltanschauung außer subjektiven Faktoren, wie sie in Kunst, Religion, Politik gegeben sind, auch objektiv-wissenschaftliche Gehalte zuschreibt, und eben diese rühren von der Philosophie und den Einzelwissenschaften her. Anders ausgedrückt: Die Weltanschauung eines Einzelnen oder einer Gruppe hat (mindestens) zwei wesenhaft verschiedene Bestandteile: einen objektiv-verbindlichen, wie ihn die Wissenschaften einschließlich der Philosophie liefern, und einen subjektiv-irrationalen, der von intuitiven Lebens- und Kulturmächten (Kunst, Religion, Politik) herrührt. Zum Beispiel schreibt Jaspers: „Wenn wir von Weltanschauungen sprechen, so meinen wir die Kräfte oder Ideen, jedenfalls das Letzte und das Totale im Menschen, sowohl subjektiv als Erlebnis der Kraft und Gesinnung, wie objektiv als gegenständlich gerichtete Welt."

Und wie steht es nun mit der Metaphysik? Wir haben die Metaphysik (nach Erich Becher) als „die auf das Gesamtwirkliche eingestellte Realwissenschaft" bezeichnet (s. S. 118). Insofern ist die Metaphysik (wie die Erkenntnistheorie, Logik oder Ethik) legitimer Bestandteil einer wissenschaftlichen Philosophie. Eine solche Metaphysik geht induktiv vor und beansprucht nur hypothetische Geltung, so daß sie von Kants Verdikt der dogmatischen Metaphysik des Rationalismus nicht getroffen wird. Die Metaphysik ist Bestandteil der Philosophie, die Philosophie wiederum ist in der Weltanschauung enthalten. So ist Klarheit der Zuordnung und des Zusammenhanges herbeigeführt, und jeder Diziplin wird diejenige Berechtigung zuerkannt, auf welche sie Anspruch erheben kann.

Weiterführende Literatur: K. Jaspers, *Psychologie der Weltanschauungen*, 3. Aufl., Berlin 1925. — H. Leisegang, *Denkformen*, Berlin u. Leipzig 1928 (Neuauflage in Vorbereitung). — Th. Litt, *Wissenschaft, Bildung, Weltanschauung*, Leipzig u. Berlin 1928. — E. Spranger, *Lebensformen*, 7. Aufl., Halle/S. 1930. — A. Wenzl, *Wissenschaft und Weltanschauung*, 2. Aufl., Leipzig 1949.

Namen- und Sachregister

Die Namen und Titel der Literaturverzeichnisse (S. 7/8, 73, 85, 103, 130, 136, 140) sind **nicht** berücksichtigt. Durch **Fettdruck** hervorgehobene Seitenzahlen bedeuten, daß dort die Lebensdaten der betreffenden Forscher aufgeführt sind.

SAMMLUNG GÖSCHEN

Lieferbare und neue Bände

Jeder Band DM 2.40

A. Geisteswissenschaften

Nr. 19 **Altheim, F., Römische Geschichte.** I. Teil: Bis zur Schlacht bei Pydna. 1948. 123 S.

Nr. 30 **Kleffner, W., Kartenkunde.** 3. Aufl. 1950. 152 S

Nr. 42 **Behn, F., Vorgeschichte Europas.** 7. Aufl. Mit 47 Abb. 1949. 125 S.

Nr. 59 **Krahe, H., Indogermanische Sprachwissenschaft.** 2. Aufl. 1948. 134 S.

Nr. 66 **Berneker, E., u. M. Vasmer, Russische Grammatik.** 6., unveränderte Aufl. 1947. 155 S.

Nr. 70 **Nestle, W., Geschichte der griechischen Literatur.** I. Von den Anfängen bis auf Alexander d. Gr. 2., verb. Aufl. Neudruck. 1950. 144 S.

Nr. 101 **Wiese, L. v., Soziologie.** Geschichte und Hauptprobleme. 4. Aufl. 1950. 143 S.

Nr. 125 **Vossler, K., Italienische Literaturgeschichte.** Unveränderter Nachdruck der 1927 erschienenen 4., durchges. und verbesserten Aufl. 1948. 148 S.

Nr. 200 **Gottschald, M., Rechtschreibungswörterbuch.** In Vorbereitung.

Nr. 238 **Krahe, H., Germanische Sprachwissenschaft.** Bd. I. 2. Aufl. 1948. 127 S.

Nr. 270 **Kirn, P., Einführung in die Geschichtswissenschaft.** 1947. 132 S.

Nr. 279 **Jacob, K., Quellenkunde der deutschen Geschichte im Mittelalter (bis zur Mitte des 15. Jahrh.).** I: Einleitung. Allgemeiner Teil. Die Zeit der Karolinger. 5. Aufl. 1949. 118 S.

Nr. 280 — —, II: Die Kaiserzeit (918—1250). 4. Aufl. 1949. 127 S.

Nr. 500 **Simmel, G., Hauptprobleme der Philosophie.** 7., unveränderte Aufl. 1950. In Vorbereitung.

Nr. 557 **Nestle, W., Geschichte der griechischen Literatur.** II. Von Alexander d. Gr. bis zum Ausgang der Antike. 2. verbesserte Aufl. 1945. 128 S.

Nr. 564 **Behn, F., Kultur der Urzeit.** Bd. I. Steinzeit. 3. Aufl. In Vorbereitung.

Nr. 565 — —, Bd. II. Bronzezeit. 4. Aufl. In Vorbereitung.

Nr. 566 — —. Bd. III. Eisenzeit. 4. Aufl. In Vorbereitung.

Nr. 573 **Helbok, A., Die Ortsnamen im Deutschen.** Durchgesehener Neudruck. Mit 6 Karten. 1944. 126 S.

Nr. 677 **Altheim, F., Römische Geschichte.** II. Teil: Bis zur Begründung des Prinzipats. 1948. 141 S.

Nr. 770 **Beckh, H., Buddhismus** (Buddha und seine Lehre). II. Die Lehre. 3. Aufl. 1928. 135 S.

Nr. 780 **Krahe, H., Germanische Sprachwissenschaft.** Bd. II. 2. Aufl. 1948. 140 S.

Nr. 781 **Weigert, H., Stilkunde.** II. Spätmittelalter. Neuzeit. Neudruck. Mit 84 Abb. 1944. 141 S.

Nr. 807 **Kropp, G., Erkenntnistheorie.** I. Allgemeine Grundlegung. 1950. 143 S.

Nr. 929 **Schirmer, A., Deutsche Wortkunde.** 3. Aufl. 1949. 109 S.

Nr. 1000 **Jaspers, K., Die geistige Situation der Zeit** (1931). Zweiter unveränderter Abdruck der im Sommer 1932 bearbeiteten 5. Aufl. 1949. 232 S.

Nr. 1008 **Mellerowicz, K., Allgemeine Betriebswirtschaftslehre.** 1. Bd. 6., unveränderte Aufl. 1948. 134 S.

Nr. 1031 **Apel, M., Philosophisches Wörterbuch.** 3. Aufl. In Vorbereitung.

Nr. 1034 **Kranefeldt, W. M., Therapeutische Psychologie.** Analytische Psychologie (Freud, Adler, Jung). 2 Aufl. 1950. In Vorbereitung.

Nr. 1045 **Schubert, H., Die Technik des Klavierspiels.** 2. Aufl. 1946. 132 S.

Nr. 1065 **Haller, J., Von den Karolingern zu den Staufern.** Die altdeutsche Kaiserzeit (900—1250). Mit 4 Karten. 3. Aufl. 1944. 141 S.

Nr. 1085 **Lietzmann, H., Zeitrechnung der römischen Kaiserzeit, des Mittelalters und der Neuzeit für die Jahre 1—2000 n. Chr.** Neudruck. 1946. 127 S.

Nr. 1086 **Müller, G., Deutsches** Dichten **und Denken vom Mittelalter zur Neuzeit** (1270—1700). **2. Aufl.** 1949. 159 S.

Nr. 1094 **Hernried, R., Systematische Modulation. 2. Aufl.** In Vorbereitung.

Nr. 1096 **Viëtor, K., Deutsches Dichten und Denken. Von der Aufklärung bis zum Realismus** (1700—1890). 2. Aufl. 1949. 156 S.

Nr. 1115 **Ranke, F., Altnordisches Elementarbuch. Neudruck.** 1949. 146 S.

Nr. 1116 **Meißner, P., Englische Literaturgeschichte. II.** Von der Renaissance bis zur Aufklärung. Durchgesehener Neudruck. 1944. 139 S.

Nr. 1117 **Haller, J., Der Eintritt der Germanen in die Geschichte.** Mit sechs Kartenskizzen. 2., verbess. Aufl. 1944. 119 S.

Nr. 1122 **Feist, H., Sprechen und Sprachpflege.** Mit 25 Abb. 1938. 107 S.

Nr. 1124 **Meißner, P., Englische Literaturgeschichte. III.** Romantik und Victorianismus. Durchgesehener Neudruck. 1944. 150 S.

Nr. 1125 **Lehnert, M., Altenglisches Elementarbuch. 2.,** verbesserte und vermehrte Aufl. 1950. 176 S.

Nr. 1130 **Dibelius, M., Jesus.** 2. Aufl. Neudruck. 1949. 141 S.

Nr. 1135 **Lehnert, M., Beowulf.** 2., verbesserte Aufl. 1949. 135 S.

Nr. 1136 **Meißner, P., Englische Literaturgeschichte. IV.** Das 20. Jahrhundert. Durchgesehener Neudruck. 1944. 157 S.

Nr. 1148 **Pepping, E., Der Polyphone Satz. I. Der cantus-firmus Satz.** 2. Aufl. 1950. 224 S.

Nr. 1149 **Wiesner, J., Vor- und Frühzeit der Mittelmeerländer. I.** Das östliche Mittelmeer. Mit einer Textabb. und 7 Tafeln. 1943. 177 S.

Nr. 1150 — —, II. Das westliche Mittelmeer. Mit 3 Textabb. und 7 Tafeln. 1943. 129 S.

Nr. 1153 **Mellerowicz, K., Allgemeine Betriebswirtschaftslehre.** 2. Bd. 6. unveränderte Aufl. 1948. 123 S.

Nr. 1154 — —, 3. Bd. 6. unveränderte Aufl. 1948. 153 S.

B. Naturwissenschaften und Technik

Nr. 3 **Ende, E. vom, Die Maschinenelemente.** 2., verbesserte Aufl. Mit 175 Fig. und 12 Tafeln. 1950. In Vorbereitung.

Nr. 29 **Brauns, R., u. K. F. Chudoba, Mineralogie.** 8., neubearbeitete Aufl. Mit 125 Textfiguren und 9 Abb. auf einer Tafel. 1943. 143 S.

Nr. 37 **Klemm, W., Anorganische Chemie.** 6. Aufl. Mit 18 Abb. 1944. 184 S.

Nr. 38 **Schlenk, W., Organische Chemie.** 5. Aufl. Mit 17 Fig. 1949. 239 S.

Nr. 47 **Fischer, P. B., Arithmetik.** 2. Aufl. 1948. 152 S.

Nr. 51 **Ringleb, F., Mathematische Formelsammlung.** 5., verbesserte Aufl. Mit 57 Fig. 1949. 274 S.

Nr. 71 **Schulze, W., Allgemeine und physikalische Chemie.** I. Teil. 3., durchgesehene Aufl. Mit 22 Fig. 1949. 146 S.

Nr. 87 **Witting, A., Differentialrechnung.** 3., neubearb. Aufl. Mit 95 Fig. und 200 Beispielen. Durchgesehener Neudruck. 1949. 201 S.

Nr. 88 **—, Integralrechnung.** 2., verbesserte Aufl. Durchgesehener Neudruck. Mit 62 Fig. und 190 Beispielen. 1949. 176 S.

Nr. 136 **Mahler, G., Physikalische Formelsammlung.** 8., verbess. Aufl. 1950. 153 S. In Vorbereitung.

Nr. 142 **Haussner, R., Darstellende Geometrie.** 1. Teil: Elemente, Ebenflächige Gebilde. 6., unveränderte Aufl. Mit 110 Fig. im Text. 1947. 207 S.

Nr. 143 — —, 2. Teil: Perspektive ebener Gebilde, Kegelschnitte. 5,. unveränderte Aufl. Mit 88 Fig. im Text. 1947. 168 S.

Nr. 146 **Witting, A., Repetitorium und Aufgabensammlung zur Differentialrechnung.** 2. Aufl. Neudruck. 1949. 122 S.

Nr. 147 **—, Repetitorium und Aufgabensammlung zur Integralrechnung.** 2. Aufl. Neudruck. 1949. 121 S.

Nr. 173 **Bruhns, W., u. P. Ramdohr, Petrographie.** 3., durchgesehene Aufl. Mit 10 Figuren. 1949. 117 S.

Nr. 180 **Böhm, F., Versicherungsmathematik.** I. Elemente der Versicherungsrechnung. 2., vermehrte und verbesserte Aufl. Durchgesehener Neudruck. 1946. 151 S.

Nr. 210 **Bruhns, W., u. P. Ramdohr, Kristallographie.** 4. Aufl. In Vorbereitung.

Nr. 221 **Jander, G., u. K. F. Jahr, Maßanalyse.** Theorie und Praxis der klassischen und der elektrochemischen Titrierverfahren. Bd. I. 5. Aufl. Mit 18 Fig. 1948. 140 S.

Nr. 222 **Hassak-Beutel, Warenkunde.** 7. Aufl. Neubearb. von A. Kutzelnigg. Bd. I: Anorganische Waren sowie Kohle und Erdöl. Mit 19 Fig. 1947. 116 S.

Nr. 223 — —, Bd. II: Organische Waren. Mit 32 Fig. 1949. 143 S.

Nr. 247 **Hoppe, J., Analytische Chemie I.** Reaktionen. 5., verb. Aufl. 1950. 135 S.

Nr. 248 — —, **II.** Gang der qualitativen Analyse. 5., verbess. Aufl. 1950. 168 S.

Nr. 252 **Daßler, A., Elektrochemie I.** Mit 21 Abb. 1950. In Vorbereitung.

Nr. 253 — —, **II.** Mit 17 Abb. 1950. In Vorbereitung.

Nr. 256 **Haussner, R., Sammlung von Aufgaben und Beispielen zur analytischen Geometrie der Ebene.** Mit 22 Fig. Neudruck. 1949. 139 S.

Nr. 257 **Humburg, K., Die Gleichstrommaschine I.** Durchgesehener Neudruck. Mit 59 Abb. 1949. 102 S.

Nr. 342 **Körting, J., u. W. Körting, Heizung und Lüftung.** I. Das Wesen u. die Berechnung der Heizungs- u. Lüftungsanlagen. 8., verbess. Aufl. Mit 29 Abb. u. 14 Zahlentafeln. 1950. In Vorbereitung.

Nr. 343 — —, II. Die Ausführung der Heizungs- u. Lüftungsanlagen. 7. neubearb. Aufl. Mit 141 Abb. u. 8 Zahlentafeln. 1944. 126 S.

Nr. 354 **Valentiner, S., Vektoranalysis.** 7., wesentl. veränderte Aufl. Mit 19 Fig. 1950. In Vorbereitung.

Nr. 389 **Diels, L., Pflanzengeographie.** 4., verb. Aufl. Mit 1 Karte. 1945. 167 S.

Nr. 405 **Werkmeister, P., Praktisches Zahlenrechnen.** 4. Aufl. Mit 60 Fig. 1950. 136 S. In Vorbereitung.

Nr. 423 **Adler, A., Fünfstellige Logarithmen.** Mit mehreren graphischen Rechentafeln und häufig vorkommenden Zahlwerten. 2. Aufl. Neudruck. 1 Tafel. 1949. 127 S.

Nr. 432 **Borchers, H., Metallkunde.** I. Aufbau der Metalle und Legierungen. Mit 2 Tab. und 90 Abb. 2. Aufl. 1950. 110 S.

Nr. 445 **Asmus, E., Physikalisch-Chemische Rechenaufgaben.** 2. Aufl. 1949. 96 S.

Nr. 468 **Werkmeister, P., Vermessungskunde. I.** Stückmessung u. Nivellieren. 9. Aufl. Mit 145 Figuren. 1949. 172 S.

Nr. 469 — —, II. Messung von Horizontalwinkeln. Festlegung von Punkten im Koordinatensystem. Absteckungen. 7. Aufl. Mit 63 Fig. 1949. 151 S.

Nr. 483 **Henglein, M., Lötrohrprobierkunde.** Mineraldiagnose mit Lötrohr und Tüpfelreaktion. 3., verb. Aufl. Mit 11 Fig. 1949. 91 S.

Nr. 585 **Dehnert, H., Verkehrswasserbau I:** Entwurfsgrundlagen. Flußregelungen. Mit 52 Textabb. 1950. 102 S.

Nr. 589 **Tochtermann, W., Das Maschinenzeichnen mit Einführung in das Konstruieren.** I: Das Maschinenzeichnen. 4. Aufl. Mit 77 Tafeln. 1950. 156 S. In Vorbereitung.

Nr. 590 — —, II: Ausgeführte Konstruktionsbeispiele. 4. Aufl. Mit 58 Tafeln. 1950. 130 S. In Vorbereitung.

Nr. 597 **Dehnert, H., Verkehrswasserbau II:** Flußkanalisierungen u. Schiffahrtskanäle. Mit 60 Textabb. 1950. 92 S.

Nr. 668 **Knopp, K., Funktionentheorie I:** Grundlagen der allgemeinen Theorie der analytischen Funktionen. Mit 8 Fig. 7. Aufl. 1949. 139 S.

Nr. 691 **Fauser, O., Kulturtechnische Bodenverbesserungen.** I.: Allgemeines, Entwässerung. 4., neubearbeitete Aufl. 1947. 122 S.

Nr. 692 — —, II.: Bewässerung, Ödlandkultur, Umlegung. 4., neubearb. Aufl. 1948. 150 S.

Nr. 698 **Schulze, W., Allgemeine und physikalische Chemie.** II. Teil. 3., durchges. Aufl. Mit 36 Fig. 1949. 160 S.

Nr. 703 **Knopp, K., Funktionentheorie II.** Anwendungen und Weiterführung der allgemeinen Theorie. Mit 7 Fig. 7. Aufl. 1949. 130 S.

Nr. 711 **Kesselring, F., Theoretische Grundlagen zur Berechnung der Schaltgeräte.** 3. Aufl. Mit 92 Abb. 1950. 143 S. In Vorbereitung.

Nr. 718 **Neger, W. u. E. Münch, Die Laubhölzer.** 3., durchges. Aufl., herausgegeben von B. Huber. Mit 63 Fig. u. 7 Tab. 1950. 142 S. In Vorbereitung.

Nr. 768 **Bieberbach, L., Einführung in die konforme Abbildung.** 4. Aufl. Mit 42 Zeichnungen. 1949. 147 S.

Nr. 837 **Baumgartner, L., Gruppentheorie.** 2. Aufl. Mit 6 Fig. 1949. 115 S.

Nr. 862 **Werkmeister, P., Vermessungskunde.** III. Trigonometrische und barometrische Höhenmessung. Tachymetrie und Topographie. 6. Aufl. Mit 64 Fig. 1949. 147 S.

Nr. 877 **Knopp, K., Aufgabensammlung zur Funktionentheorie.** I. Aufgaben zur elementaren Funktionentheorie. 4. Aufl. 1949. 135 S.

Nr. 878 ——, II. Aufgaben zur höheren Funktionentheorie. 4. Aufl. 1949. 151 S.

Nr. 881 **Humburg, K., Die Gleichstrommaschine II.** Mit 38 Abb. Durchgesehener Neudruck. 1949. 98 S.

Nr. 931 **Hasse, H., Höhere Algebra I.** Lineare Gleichungen. 3. Aufl. 1950. 160 S. In Vorbereitung.

Nr. 932 ——, II. Gleichungen höheren Grades. 3. Aufl. Mit 5 Fig. 1950. 158 S. In Vorbereitung.

Nr. 952 **Schäfer, W., Transformatoren.** 2. Aufl. Mit 74 Abb. 1949. 128 S.

Nr. 972 **Herter, K., Vergleichende Physiologie der Tiere I:** Stoff- und Energiewechsel. 3. Aufl. Mit 64 Abb. 1950. 155 S.

Nr. 973 ——, II.: Bewegung und Reizerscheinungen. 3. Aufl. Mit 110 Abb. 1950. 148 S.

Nr. 984 **Graf, O., Die wichtigsten Baustoffe des Hoch- u. Tiefbaues.** 3., verb. Aufl. Mit 58 Abb. 1947. 126 S.

Nr. 999 **Kamke, E., Mengenlehre.** 2., durchges. Aufl. Mit 6 Fig. 1947. 160 S.

Nr. 1002 **Jander, G., u d K. F. Jahr, Maßanalyse.** Theorie und Praxis der klassischen und der elektrochemischen Titrierverfahren. Band 2. 5. Aufl. Mit 24 Fig. 1948. 139 S.

Nr. 1057 **Roth, W. A., Thermochemie.** 2., verbess. Aufl. 1947. 109 S.

Nr. 1070 **Sauter, F., Differentialgleichungen der Physik.** 2. Aufl. Mit 16 Fig. 1950. 148 S.

Nr. 1082 **Hasse, H., Aufgabensammlung zur höheren Algebra.** 2. Aufl. 1950. In Vorbereitung.

Nr. 1084 **Nußelt, W., Technische Thermodynamik.** I.: Grundlagen. 3., verbess. Aufl. Mit 71 Abb. 1950. 144 S. In Vorbereitung.

Nr. 1092 **Wickop, W., Fenster, Türen, Tore aus Holz und Eisen.** 3., überarbeitete und ergänzte Aufl. Mit 96 Abb. 1949. 154 S.

Nr. 1109 **Knopp, K., Elemente der Funktionentheorie.** 3. Aufl. Mit 23 Fig. 1949. 144 S.

Nr. 1110 **Schulz, G., Formelsammlung zur praktischen Mathematik.** Durchgesehener Neudruck. Mit 10 Abb. 1945. 147 S.

Nr. 1127 **Hartmann, M., Geschlecht und Geschlechtsbestimmung im Tier- und Pflanzenreich.** 2. Aufl. Mit 62 Abb. 1950. In Vorbereitung.

Nr. 1128 **Buchner, P., Symbiose der Tiere mit pflanzlichen Mikroorganismen.** 2., verb. u. vermehrte Aufl. Mit 121 Abb. 1949. 130 S.

Nr. 1131 **Scholz, A., Einführung in die Zahlentheorie.** Neudruck. 1945. 136 S.

Nr. 1132 **Frühauf, G., Überspannungen und Überspannungsschutz.** Neudruck. Mit 98 Abb. 1950. 122 S.

Nr. 1134 **Kuckuck, H., Pflanzenzüchtung.** 2., durchges. Aufl. Mit 12 Abb. 1944. 125 S.

Nr. 1137 **Heil, H., Entwicklungsgeschichte des Pflanzenreiches.** 2. Aufl. Mit 94 Abb. 1950. In Vorbereitung.

Nr. 1138 **Hämmerling, J., Fortpflanzung im Tier- und Pflanzenreich.** 2., ergänzte Aufl. Mit 101 Abb. 1950. 135 S. In Vorbereitung.

Nr. 1141 **Koller, G., Hormone.** 2. Aufl. Mit 60 Abb. u. 19 Tab. 1949. 187 S.

Nr. 1146 **Humburg, K., Die synchrone Maschine.** Mit 79 Bildern. 1949. 109 S.

Nr. 1151 **Nußelt, W., Technische Thermodynamik. II.:** Theorie der Wärmekraftmaschinen. Neudruck. Mit 87 Abb. u. 32 Zahlentafeln. 1950. 144 S. In Vorbereitung.

Nr. 1152 **Dehnert, H., Verkehrswasserbau III:** Schleusen und Hebewerke. Mit 70 Textabb. 1950. 98 S.

Nr. 1155 **Schwartz, W., Grundriß der allgemeinen Mikrobiologie.** Band I. Mit 17 Abb. 1949. 104 S.

Nr. 1156 **Meinke, H.-H., Die komplexe Berechnung von Wechselstromschaltungen.** Mit 114 Abb. 1949. 160 S.

Nr. 1157 **Schwartz, W., Grundriß der allgemeinen Mikrobiologie.** Band II. Mit 12 Abb. 1949. 93 S.

Walter de Gruyter & Co., Berlin W 35

(386) MDV, Druckerei Luckenwalde 121. 120 000. 3. 50.

Kolibri 360 GmbH
Ferdinand-Jühlke-Straße 7
99095 Erfurt, Deutschland
produktsicherheit@kolibri360.de